AI 短剧制作

U0739356

从入门
到精通

分镜脚本+视频生成+
音乐创作+后期剪辑

吴振彩　潘凌峰 ◎著

化学工业出版社

·北京·

内 容 简 介

本书是一本全面、系统地讲解AI短剧制作的教程，为读者提供了一套完整的AI短剧制作解决方案。随书附赠：140多页PPT教学课件+120多个素材效果文件+110多集教学视频演示+80组AI提示词+7课电子教案等资源。本书的具体内容分为以下两条线介绍。

第1条线是工具线：介绍了DeepSeek、Kimi、豆包、OneStory、即梦AI、可灵AI、海绵音乐、天谱乐和剪映9大热门工具的使用方法，帮助读者全面掌握AI短剧制作的工具链。

第2条线是技能线：介绍了分镜脚本、分镜画面、视频素材、AI音乐及后期剪辑5大核心技能，最后通过古风短剧《琴声之谜》这个综合案例，使读者掌握AI短剧制作的全流程。

本书图文并茂，资源丰富，适合对短剧、短视频、影视制作、数字内容创作感兴趣的人群阅读学习，也适合作为高校相关专业学生的教材。

图书在版编目(CIP)数据

AI短剧制作从入门到精通：分镜脚本+视频生成+音乐创作+后期剪辑 / 吴振彩，潘凌峰著. -- 北京 ： 化学工业出版社，2025. 8. -- ISBN 978-7-122-48633-2

Ⅰ. TN948.4-39

中国国家版本馆CIP数据核字第2025F0U992号

责任编辑：李　辰　　　　　　　　　　封面设计：昇一设计
责任校对：杜杏然　　　　　　　　　　装帧设计：盟诺文化

出版发行：化学工业出版社（北京市东城区青年湖南街13号　邮政编码100011）
印　　装：河北尚唐印刷包装有限公司
710mm×1000mm　1/16　印张12　字数235千字　2025年9月北京第1版第1次印刷

购书咨询：010-64518888　　　　　　　售后服务：010-64518899
网　　址：http://www.cip.com.cn
凡购买本书，如有缺损质量问题，本社销售中心负责调换。

定　　价：88.00元　　　　　　　　　　　　　　　　版权所有　违者必究

前言

一、写作驱动

人工智能技术的飞跃，正在重构影视内容的生产流程，尤其是在短剧创作领域，AI不再是辅助工具，而是正在成为真正的"创作引擎"。AI剧本生成、分镜图像绘制、视频生成、音乐配乐、智能剪辑……过去依靠一个小型团队才能完成的短剧制作，现在一人一机就能完成。

在这一趋势下，AI短剧逐渐从专业探索走向大众视野，不仅成为内容创作者的新赛道，也正被各类自媒体、教学机构广泛关注。然而，在热潮之下，也暴露出创作者普遍存在的以下3大核心痛点。

痛点1：剧本空洞，创意无法落地

很多创作者虽然具备内容意识，但缺乏剧本结构感，故事往往停留在"设定有趣"或"反转刺激"的表面，缺乏扎实的冲突推进、角色弧线与叙事节奏。AI能提供素材，却无法替代创作者对剧作逻辑进行把控，结果就是内容生成多，而成品打磨少。

痛点2：图像生成不等于影视语言

AI绘图与AI视频工具虽已普及，但大多数创作者仍停留在"把文字变成画面"的初级阶段。由于AI缺乏分镜思维与镜头逻辑，创作者利用AI生成的画面常常是缺乏节奏张力、情绪层次和视觉统一感，作品看起来更像"素材拼贴"而非"影视叙事"。

痛点3：缺乏音乐选择与剪辑能力，成片完成度低

创作者可以生成剧本、图片甚至视频片段，却在音乐剪辑与后期处理环节遭遇瓶颈。不会选音乐、剪辑节奏拖沓、配音与画面不同步，最终成片缺乏专业感，难以打动观众，更无法实现商业变现或获得平台推广。

针对上述痛点，市场亟须一套系统、实操、可复用的AI短剧创作方法体系，帮助创作者真正从"创意想法"迈向"高完成度作品"。

二、本书特色

本书不是单纯讲解AI工具的使用手册，而是围绕短剧创作的实际流程，构建了一套从创意构思到成品落地的全链路制作体系。它兼顾内容表达与技术执行，帮助读者从4个维度真正解决AI短剧创作的痛点问题。

特色1：从灵感到剧本，构建完整的短剧创作闭环

本书围绕短剧创作的全流程展开，从创意构思到剧本落地，形成完整闭环。通过系统地讲解短剧的基础知识、剧本创作要素及AI在剧本创作中的应用，帮助创作者将灵感转化为具有扎实结构和逻辑的剧本。

特色2：聚焦分镜表达，实现镜头逻辑与画面美学统一

本书聚焦分镜脚本搭建，并深入讲解如何使用多种AI工具生成分镜画面。通过详细的操作步骤和案例分析，帮助创作者将文字内容转化为具有节奏张力、情绪层次和视觉统一感的分镜画面，避免"素材拼贴"的问题。同时，结合不同场景和风格的分镜生成方法，让创作者能够精准地把控镜头语言，提升作品的影视叙事水平。

特色3：打通后期流程，提升短剧成片完成度

本书不仅关注前期创作，还全面打通了后期制作流程。从音乐创作到剪辑输出，详细讲解如何使用AI生成专业配乐，以及如何通过智能剪辑提升成片质量。通过系统讲解剪辑技巧、特效添加和导出参数设置，帮助创作者解决音乐选择、剪辑节奏和配音同步等难题，确保成片具备专业感，能够打动观众，实现商业变现或获得平台推广。

特色4：完整案例实战，提供可复刻的短剧作品范例

为了帮助读者真正掌握全流程创作逻辑，本书以原创古风短剧《琴声之谜》为例，完整呈现从主题策划、剧本撰写、分镜生成、素材输出、配乐创作到成片剪辑的全过程。这一案例不仅具备高度的可参考性，还配备成片展示与素材拆解示意，读者能够跟随示范，快速复刻一部自己的AI短剧作品。

本书立足实战，拒绝空谈，所有工具、方法和案例都来源于真实制作流程，所有技术路径均可落地执行，真正为创作者提供"能用、好用、用得出结果"的AI短剧创作手册。

三、教学资源

本书教学资源及数量如下表所示。

教学资源及数量表

序　号	教学资源	数　量
1	电子教案	7课
2	素材	41个
3	提示词	80组
4	效果	87个
5	视频	111个
6	PPT教学课件	143页

四、获取方式

如果读者需要获取书中的教学资源，请使用微信"扫一扫"功能按需扫描右侧的二维码即可。

扫码获取教学资源

五、特别提示

1. 本书涉及的软件版本分别为：DeepSeek手机版为1.1.9（72），Kimi手机版为2.1.1，豆包手机版为8.5.1，即梦AI手机版为1.4.9，可灵AI手机版为2.4.30.153，海绵音乐手机版为4.1.2，剪映手机版为16.2.0，剪映电脑版为8.1.1。

2. 在编写本书的过程中，是根据软件和工具的当前最新版本截取的实际操作图片，但书从编辑到出版需要一段时间，在此期间，这些工具的版本、功能和界面可能会有变动，请在阅读时，根据书中的思路，举一反三，进行学习。

3. 需要注意的是，即使是相同的提示词，AI工具每次生成的回复和效果也会存在差别，因此在扫码观看教程时，读者应把更多的精力放在提示词的编写和实际操作的步骤上。

4. 限于篇幅原因，AI工具的回复内容只展示要点，详细的回复文案，请看随书提供的完整文件。

六、作者服务

本书由吴振彩、潘凌峰著，特别感谢进行编写整理的李玲。由于编写人员知识水平有限，书中难免有些疏漏之处，恳请广大读者批评、指正，联系微信：2633228153。

目录

第3章 分镜画面雕琢：豆包、OneStory绘就视觉初稿

第4章 视频智能生成：即梦AI、可灵AI输出影视级画面

第5章 AI音乐创作：海绵音乐、天谱乐定制短剧配乐

第6章 后期剪辑实战：剪映智能编辑与成片输出

第7章 AI短剧全流程实战：古风短剧《琴声之谜》

第 1 章　AI 短剧编写：核心概念与实用方法

　　随着生成式AI技术的发展，短剧创作迈入了全新的阶段。本章系统地讲解短剧的基础知识、剧本构思要素，深入解析AI在短剧制作中的具体应用，并通过提示词编写技巧指导创作者高效驱动AI，为短剧创作注入智能力量与创新表达。

1.1 短剧的基础知识

在快节奏的现代生活中，短剧以其独特的魅力逐渐成为大众文化的重要组成部分。它不仅为观众提供了快速获取情感共鸣与思想启发的途径，还以其多样化的形式和灵活的创作方式，不断拓宽着艺术的边界。

本节主要介绍短剧的定义、分类和优点3个方面，帮助创作者了解短剧的相关知识。

1.1.1 短剧的定义

短剧（Short-form Drama）是一种以超短时长为特征的新型视听叙事形式，其单集时长通常为1～10分钟，部分平台定义的微短剧会把短剧时长定义到几十秒至15分钟。与传统影视剧不同，短剧以紧凑的剧情、鲜明的人物和高密度的情节反转为特点，强调"开场即高潮""结尾留悬念"，适合在碎片化时间观看和传播。

扫码看教学视频

短剧作为一种新兴的视频内容形式，近年来迅速在移动端、社交平台和视频平台中流行开来，成为数字内容生态中增长最快的品类之一。不过，短剧并非凭空而来的，而是在多重文化、技术和产业因素的合力推动下兴起的。下面介绍短剧迅速走红的5个核心原因。

（1）注意力争夺。在注意力稀缺的当下，观众更倾向于选择观看门槛低、反馈快速的内容。相比传统剧集的慢节奏铺垫，短剧通常在前10秒内就设定冲突、激发情绪，更能满足观众在碎片化时间"快速获得故事高潮"的需求。

（2）算法助推。短剧天然适配抖音、快手等短视频平台的推荐机制。平台通过人工智能（Artificial Intelligence，AI）算法分析观众的兴趣点，将高点击率片段精准地推送至目标观众，实现指数级传播。例如，短剧《盲心千金》的剪辑片段以"爆点+反转"结构剪出黄金15秒，极大地提升了推荐率，最终播放量超8000万。

（3）情绪共鸣。当代观众对影视内容的诉求日益转向情绪价值与感官体验，短剧则凭借其节奏快、情节密集的特征，在短时间内构建出完整的情绪起承转合。通过对社会热点与大众心理的精准捕捉，短剧能够使观众在短短几分钟内获得情绪的投入与释放，进而提升内容的吸引力与传播力。

（4）创作门槛低。短剧通常采用小体量拍摄、少角色场景，制作周期短、成本可控。结合剪映、即梦AI、可灵AI和Runway等AI创作工具的应用，创作者可以实现低成本、高效率的内容生产。

（5）商业模式多。短剧不仅是内容产品，也成为多种商业变现路径的有力载体。目前，短剧已形成较为成熟的商业生态体系，涵盖平台分账、会员付费、品牌植入、小说IP导流、电商带货等多元路径。其中，一部爆款短剧不仅可以通过平台播放获得收益，还可引导观众转化为小说读者或商品消费者，实现"内容—流量—转化"的闭环运营，为创作者与平台提供了广阔的商业空间。

短剧作为一种契合当代传播逻辑与观众习惯的新型内容形式，已从最初的草根尝试演变为完整的内容体系与产业链条。在平台推荐机制、用户情绪需求和技术变革的共同推动下，短剧正在从"流量产品"成长为具有可持续创造价值与市场潜力的内容形态。

1.1.2 短剧的分类

短剧作为一种新兴的影视表现形式，在其快速发展的过程中，形成了多种多样的分类标准。不同的分类维度不仅体现了短剧在题材、形式和受众等方面的差异化特征，还揭示了其灵活的创作空间和广泛的应用场景。下面从题材、形式、观看方式和目标观众等维度进行分类分析，具体如图1-1所示。

扫码看教学视频

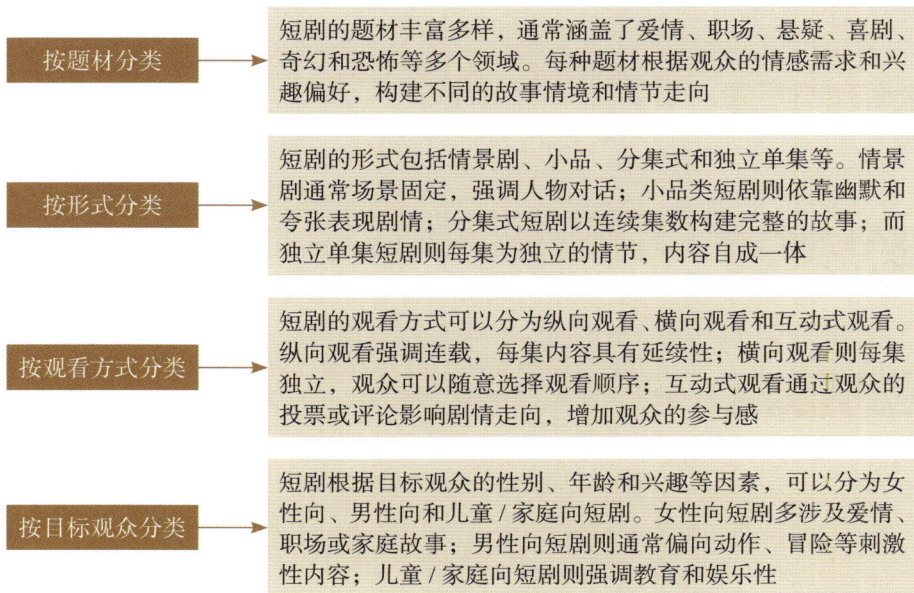

按题材分类	短剧的题材丰富多样，通常涵盖了爱情、职场、悬疑、喜剧、奇幻和恐怖等多个领域。每种题材根据观众的情感需求和兴趣偏好，构建不同的故事情境和情节走向
按形式分类	短剧的形式包括情景剧、小品、分集式和独立单集等。情景剧通常场景固定，强调人物对话；小品类短剧则依靠幽默和夸张表现剧情；分集式短剧以连续集数构建完整的故事；而独立单集短剧则每集为独立的情节，内容自成一体
按观看方式分类	短剧的观看方式可以分为纵向观看、横向观看和互动式观看。纵向观看强调连载，每集内容具有延续性；横向观看则每集独立，观众可以随意选择观看顺序；互动式观看通过观众的投票或评论影响剧情走向，增加观众的参与感
按目标观众分类	短剧根据目标观众的性别、年龄和兴趣等因素，可以分为女性向、男性向和儿童/家庭向短剧。女性向短剧多涉及爱情、职场或家庭故事；男性向短剧则通常偏向动作、冒险等刺激性内容；儿童/家庭向短剧则强调教育和娱乐性

图 1-1 短剧的不同分类维度

☆ **专家提醒** ☆

除了上面介绍的 4 种分类维度，短剧还可以按播出平台、制作方式和剧本来源进行分类，具体内容如下。

（1）按播出平台分类。短剧主要通过社交媒体平台（如抖音、快手）、视频平台（如优酷、爱奇艺）和创作平台（如 B 站）播出，部分通过电视台播出。不同的平台决定了短剧在内容风格、时长结构和更新节奏上的差异。

（2）按制作方式分类。短剧的制作方式可以分为传统制作和自制两类。传统制作由专业团队负责，制作标准较高；自制短剧则由个人或小团队制作，创作自由度更大。

（3）按剧本来源分类。短剧的剧本可以来源于原创或改编。其中，原创剧本由编剧根据创意创作，具有较高的独特性；而改编剧本则是将小说、漫画等其他媒介作品或者经典故事改编成短剧。

1.1.3 短剧的优点

在内容消费日益加速的时代背景下，短剧凭借其体量轻、节奏快和形式灵活等特点，迅速成为视频内容创作中的重要形态。它在满足观众情感需求的同时，为创作者提供了更低门槛、更高频率的创作与传播机会。为了更清晰地了解短剧的独特价值，创作者可以从与电影、电视剧及短视频的对比中进一步剖析其优势所在。

扫码看教学视频

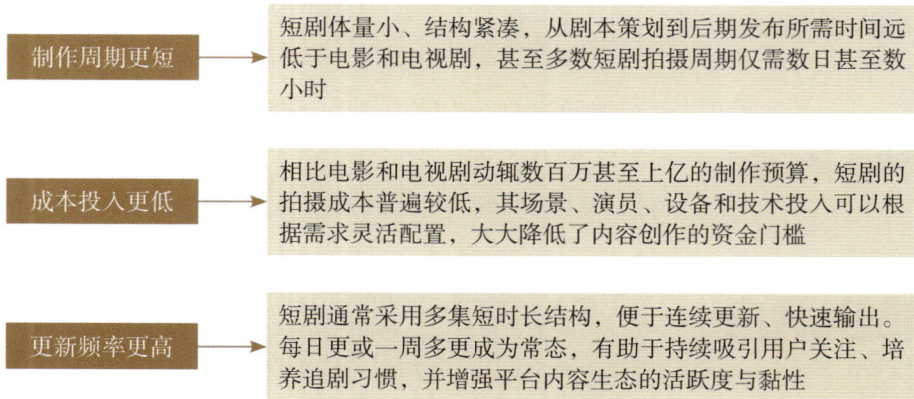

与电影、电视剧相比，短剧在制作周期、成本投入和更新频率上更具优势，具体如图 1-2 所示。

制作周期更短	→	短剧体量小、结构紧凑，从剧本策划到后期发布所需时间远低于电影和电视剧，甚至多数短剧拍摄周期仅需数日甚至数小时
成本投入更低	→	相比电影和电视剧动辄数百万甚至上亿的制作预算，短剧的拍摄成本普遍较低，其场景、演员、设备和技术投入可以根据需求灵活配置，大大降低了内容创作的资金门槛
更新频率更高	→	短剧通常采用多集短时长结构，便于连续更新、快速输出。每日更或一周多更成为常态，有助于持续吸引用户关注、培养追剧习惯，并增强平台内容生态的活跃度与黏性

图 1-2 短剧相比于电影和电视剧的优势

而与以碎片化为特点的短视频相比，短剧在叙事连贯性、情感表达和情节构建方面更具深度，具体如图 1-3 所示。

<table>
<tr><td>叙事连贯性更强</td><td>短剧通常由多集构成，具备完整的故事线和统一的角色设定，叙事具备起承转合的逻辑结构，能够引导观众持续关注剧情的发展，而短视频多数为独立的片段，缺乏内容连贯性与延展性</td></tr>
<tr><td>情感表达更深入</td><td>与短视频多以笑点、新奇或情绪瞬间为主不同，短剧通过多集铺陈与角色互动，可实现情感的递进和共鸣。它更适合呈现情感转变、心理波动等细腻的内容，从而增强观众的沉浸感和代入感</td></tr>
<tr><td>情节构建更完整</td><td>短剧具备明确的剧本支撑与场景推进，不再局限于单一情境或冲突点，能展现复杂的人物关系与多层次的情节安排。这种结构有助于塑造更鲜明的角色与更具张力的故事</td></tr>
</table>

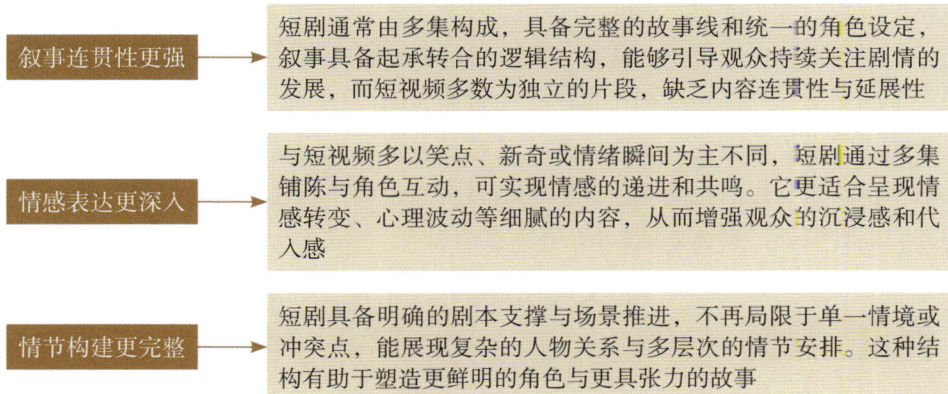

图1-3 短剧相比于短视频的优势

1.2 短剧剧本的创作要素

短剧制作是一个综合性的创作过程，涉及剧本创作、拍摄执行和后期制作等多个环节，每个环节都有其独特的要求与挑战。然而，在整个制作过程中，剧本始终是短剧内容的核心，直接影响着作品的情节结构、情感表达和观众的观看体验。尤其是以剧情和情感冲突为主的短剧，剧本质量在很大程度上决定了其能否吸引观众并产生深刻的情感共鸣。

因此，剧本创作的关键要素需要单独进行梳理。这些要素不仅构成了剧本的骨架，还决定了故事的发展脉络和节奏。本节将简要分析短剧剧本中的几个核心要素，包括主题、结构、形象、冲突、反转、爽点与对白等。这些要素虽然不是短剧制作的全部，但它们在剧本创作阶段发挥着至关重要的作用，是确保短剧能够精准表达创作意图、打动观众的基础。

1.2.1 策划短剧主题

短剧的主题是整部作品想要传达的核心思想和情感内核。它不仅决定了故事的价值导向和情绪基调，也影响了剧情结构、角色塑造乃至最终的观众共鸣。一个明确而有力的主题，能够在短时间内迅速引导观众进入情境，激发兴趣并留下印象深刻的观看体验。

扫码看教学视频

短剧的主题类型多种多样，常见的包括爱情与亲情、成长与梦想、职场与社会、人性与道德、复仇与救赎、悬疑与惊悚，以及喜剧与反讽等。有些短剧选择贴近现实生活的"小切口"主题，例如"租房合租""代驾夜话"；也有作品借助

幻想设定探讨深层人性，例如"重启人生""记忆交易"等。随着观众需求日益细分，主题也逐渐呈现出多元化、跨题材融合的趋势。

主题的多样性为短剧创作提供了丰富的方向选择，但在实际创作中，如何从复杂的现实中提取合适的主题，并使其兼具表现力与传播性，仍是一项有挑战性的工作。为了提高主题的落地效率与吸引力，创作者通常需要借助一系列系统的方法进行策划，具体如图1-4所示。

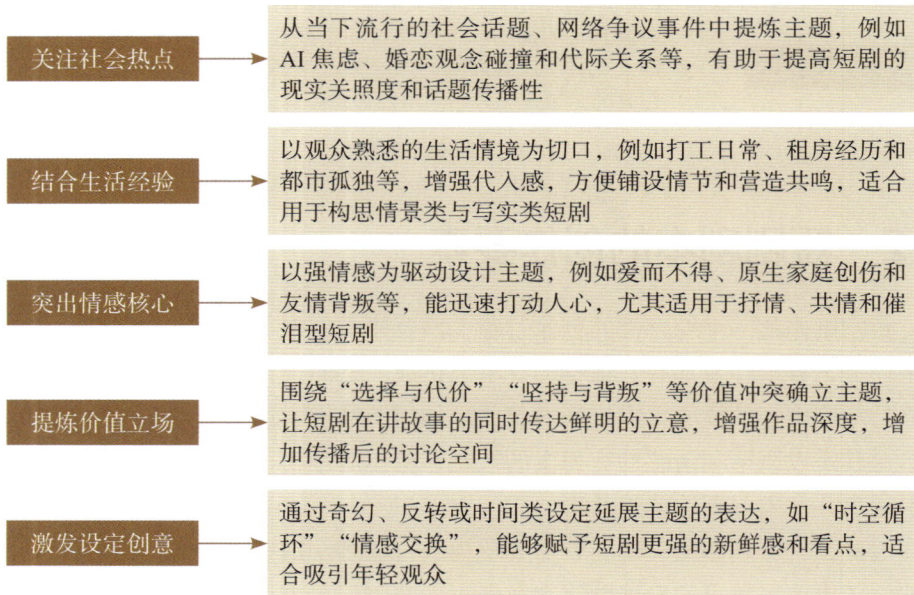

关注社会热点	→	从当下流行的社会话题、网络争议事件中提炼主题，例如AI焦虑、婚恋观念碰撞和代际关系等，有助于提高短剧的现实关照度和话题传播性
结合生活经验	→	以观众熟悉的生活情境为切口，例如打工日常、租房经历和都市孤独等，增强代入感，方便铺设情节和营造共鸣，适合用于构思情景类与写实类短剧
突出情感核心	→	以强情感为驱动设计主题，例如爱而不得、原生家庭创伤和友情背叛等，能迅速打动人心，尤其适用于抒情、共情和催泪型短剧
提炼价值立场	→	围绕"选择与代价""坚持与背叛"等价值冲突确立主题，让短剧在讲故事的同时传达鲜明的立意，增强作品深度，增加传播后的讨论空间
激发设定创意	→	通过奇幻、反转或时间类设定延展主题的表达，如"时空循环""情感交换"，能够赋予短剧更强的新鲜感和看点，适合吸引年轻观众

图 1-4 策划短剧主题的方法

主题既是短剧的精神内核，也是贯穿剧本创作全程的引导力量。一个贴合时代语境、契合观众情感的主题，能够为后续的结构搭建、角色设计与情节推进提供坚实的基础。明确主题，不仅仅是内容构建的起点，更是保证短剧表达深度与传播效果的关键所在。

1.2.2 安排故事结构

相较于长剧的多线铺陈，短剧更强调节奏紧凑、情节集中的线性推进，一个合理的结构安排能在短时间内构建起完整的故事闭环，增强观众的沉浸感与满足感。

扫码看教学视频

常见的短剧结构包括"起承转合式""三段式""反转式""高能片段嵌套式"等。例如，"起承转合式"以递进节奏展现故事的发展，适合情感类和伦理类题材；而"反转式"则通过不断打破观众预期制造惊喜，常见于悬疑、职场和情感逆袭等类型。每种结构形式都影响着短剧的节奏与情绪走向。

以短剧《逃出大英博物馆》为例，该剧采用"反转+递进"结构。开篇以轻松氛围引入人物关系，紧接着逐步揭示情感背景与文化隐喻，并在中后段引出意料之外的情感转折，实现情绪与主题的双重升华。该结构层层推进，既确保了节奏的吸引力，又强化了叙事的情感张力。

为了让结构设计更具张力和连贯性，创作者可借助以下几种常用方法进行故事结构的安排，如图1-5所示。

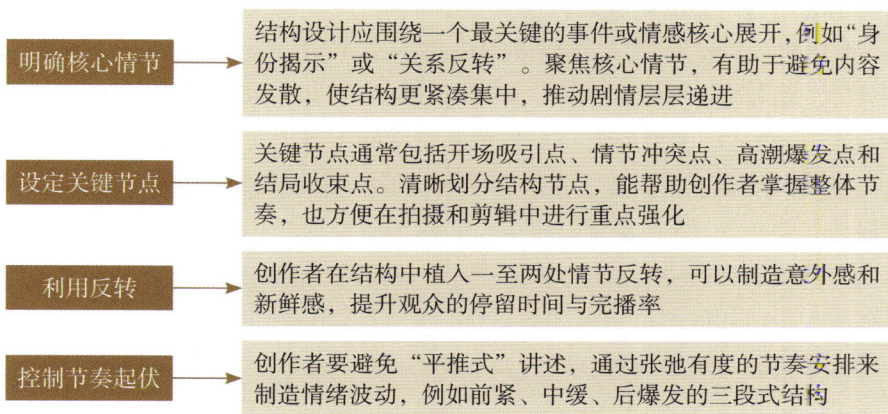

明确核心情节	结构设计应围绕一个最关键的事件或情感核心展开，例如"身份揭示"或"关系反转"。聚焦核心情节，有助于避免内容发散，使结构更紧凑集中，推动剧情层层递进
设定关键节点	关键节点通常包括开场吸引点、情节冲突点、高潮爆发点和结局收束点。清晰划分结构节点，能帮助创作者掌握整体节奏，也方便在拍摄和剪辑中进行重点强化
利用反转	创作者在结构中植入一至两处情节反转，可以制造意外感和新鲜感，提升观众的停留时间与完播率
控制节奏起伏	创作者要避免"平推式"讲述，通过张弛有度的节奏安排来制造情绪波动，例如前紧、中缓、后爆发的三段式结构

图1-5 安排故事结构的方法

☆ 专家提醒 ☆

另外，创作者也可以通过构建闭环结构、嵌入悬念元素和借鉴爆款节奏的方法来安排故事的结构，具体内容如下。

（1）构建闭环结构。创作者应当在结尾回应开篇设定、情境或人物动因，使叙事形成"首尾呼应"的闭合回路。这种结构不仅让观众在情感上获得满足感，也增强了故事的逻辑性和记忆点。例如，开头埋下的一个小细节或角色的某句话，在结尾被巧妙呼应，能制造出"原来如此"的惊喜感，提升短剧的品质与回味度。

（2）嵌入悬念元素。创作者可以在结构中适当植入悬念，例如人物动机未明或关键信息缺失等，能促使观众持续关注后续内容。另外，悬念应循序推进，节奏掌控尤为重要。

（3）借鉴爆款节奏。创作者可以分析爆款短剧的结构模式，如"5秒设钩""30秒冲突""最后反转"等，并进行适当借鉴。需要注意的是，这个方法比较适合在创作初期使用，便于创作者快速搭建框架，但随着创作的深入，创作者需要逐渐摆脱对爆款模式的过度依赖，避免陷入"套路化"的陷阱。

一个合理的结构不仅能提高短剧的完成度与观赏性，更是实现创作意图与市场传播的桥梁。结构的成功安排，不在于复杂，而在于能否精准地服务于主题和情绪，驱动观众从第一秒看到最后一秒。

1.2.3 塑造故事角色

角色是短剧故事的行动主体，是推动情节发展、传递主题情感的关键载体。一个立得住、动得起、有记忆点的角色，往往比完整的剧情更容易被观众记住。特别是在时长受限的短剧中，角色的形象与功能必须在极短的时间内被迅速识别并建立情感连接，因此角色塑造不仅决定了故事的张力，也深刻影响着作品的传播力与商业价值。

扫码看教学视频

短剧的角色不必复杂繁多，但需要足够鲜明、有张力，最好能够承担多重功能——既能服务叙事主线，又能承载情绪表达，甚至成为内容营销中的视觉锚点。

另外，随着创作手法的发展，短剧角色的边界也不断被拓展，除了传统意义上的"人"，物品、虚拟形象、AI形象乃至空间本身也可以成为具象角色，借以承载情感或推动叙事，只要它在叙事中承担了推动情节或传达情感的功能，便可以被视作"角色"。特别是在幻想类、隐喻型或高概念短剧中，非人类角色甚至可能成为情绪表达的主要载体，提供别具一格的叙事视角与创意空间。

在深入探讨如何塑造角色之前，有必要先厘清短剧中常见的角色类型，以便明确其叙事功能与情感承载方式，如图1-6所示。

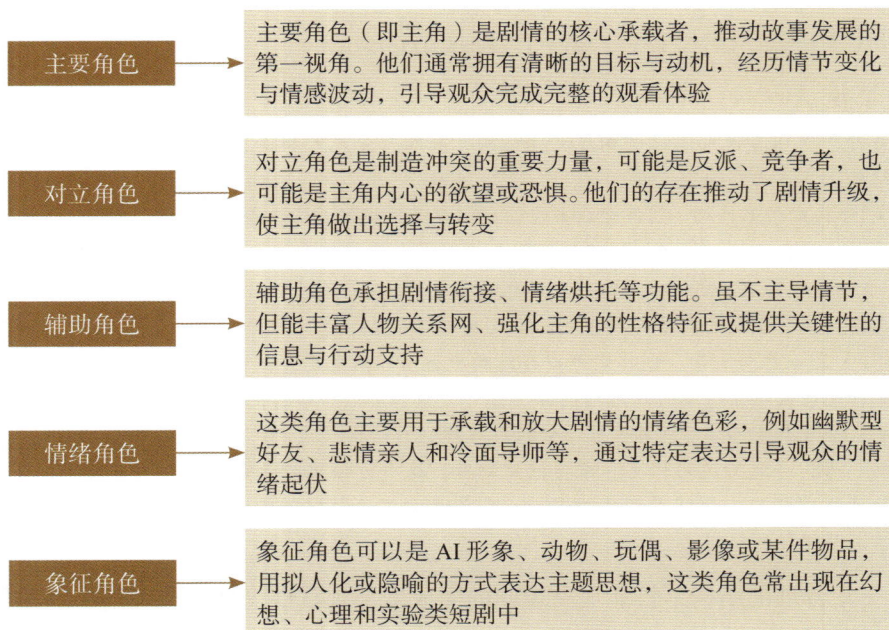

主要角色 → 主要角色（即主角）是剧情的核心承载者，推动故事发展的第一视角。他们通常拥有清晰的目标与动机，经历情节变化与情感波动，引导观众完成完整的观看体验

对立角色 → 对立角色是制造冲突的重要力量，可能是反派、竞争者，也可能是主角内心的欲望或恐惧。他们的存在推动了剧情升级，使主角做出选择与转变

辅助角色 → 辅助角色承担剧情衔接、情绪烘托等功能。虽不主导情节，但能丰富人物关系网、强化主角的性格特征或提供关键性的信息与行动支持

情绪角色 → 这类角色主要用于承载和放大剧情的情绪色彩，例如幽默型好友、悲情亲人和冷面导师等，通过特定表达引导观众的情绪起伏

象征角色 → 象征角色可以是AI形象、动物、玩偶、影像或某件物品，用拟人化或隐喻的方式表达主题思想，这类角色常出现在幻想、心理和实验类短剧中

反差角色	反差角色通常在人物设定上具备"标签冲突"，例如外表冷酷却极度感性，或身份高贵却生活拮据，能打破预期，制造吸引力与反转空间
环境角色	如果特定场景、空间或物件在剧情中承载记忆、情绪或象征意义，也可被视为"环境角色"。例如，老宅或车站等，它们虽然不具备人物的主动性，但能够与故事的核心紧密相连，成为推动情节发展或深化主题的重要元素

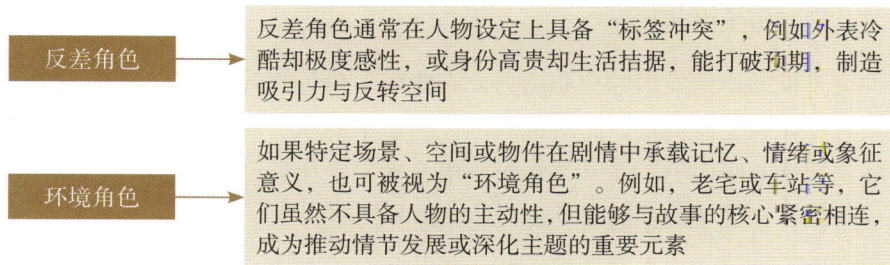

图 1-6 短剧中常见的角色类型

不同类型的角色在短剧中承担着各自独特的功能，但角色类型的划分只是基础，真正打动观众的，往往是角色本身所呈现出的性格质感、情感动因与行为逻辑。因此，为了让人物"立得住""动得起"，创作者还需在塑造技巧上进行更细致的打磨，如图1-7所示。

明确人物动机	角色的每个行为应有清晰的动机支撑。无论是爱一个人、逃避现实还是追求利益，动机决定行为逻辑，是建立可信角色的第 1 步
设定性格标签	为角色设定 1～2 个突出的性格特征，例如"强势但孤独""热情又嘴碎"。简洁明确的性格标签，有助于角色在短时间内被观众识别和记住
对比强化冲突	创作者通过设置性格或价值观对立的角色组合，可以自然形成冲突与张力，推动情节发展。例如，将"理智冷静的女性"与"情感充沛的男性"设为对手或搭档，两人在决策与行动上的分歧将不断激发矛盾
添加反差感	创作者可以在角色表象与行为之间制造反差，如外冷内热、外弱内强，能使角色更具层次感和记忆点，适合用于反转类短剧中
植入社会属性	创作者可以结合现实身份，例如"985 毕业生""单亲妈妈""外卖员"等，让角色更贴近现实生活，利于引发共鸣，增强社会话题性
限定成长空间	为角色设计小体量的成长路径，例如"从被动到主动""从沉默到告白"，在有限的篇幅中完成一次心理转变，提升剧情的完整度
利用符号外观	创作者可以通过造型、服饰、语言等外在细节强化人物特征，如"丸子头＋大框眼镜＝职场萌新"，在视觉上快速传递人设信息

图 1-7 塑造角色的技巧

1.2.4 构建多维冲突

冲突是推动剧情发展的核心动力。它体现了角色间的矛盾、事件中的张力及情感上的撕扯，是构成戏剧性的基本要素。没有冲突，故事就缺乏起伏与吸引力。尤其是在短剧中，冲突往往需要在极短的时间内建立并展开，从而迅速引发观众的兴趣与情绪共鸣。

扫码看教学视频

短剧中的冲突表现形式多种多样，常见的包括人物之间的情感冲突、价值观冲突、利益冲突，也包括人与自我之间的心理冲突，甚至是人和环境之间的外部对抗。随着短剧题材的不断丰富，冲突的类型也趋于立体化和多维化，不再局限于传统的"对抗"结构，而更多地体现为选择、困境与转变。

那么，如何有效地构建冲突，使其既合理又具冲击力？下面介绍几种实用技巧，如图1-8所示。

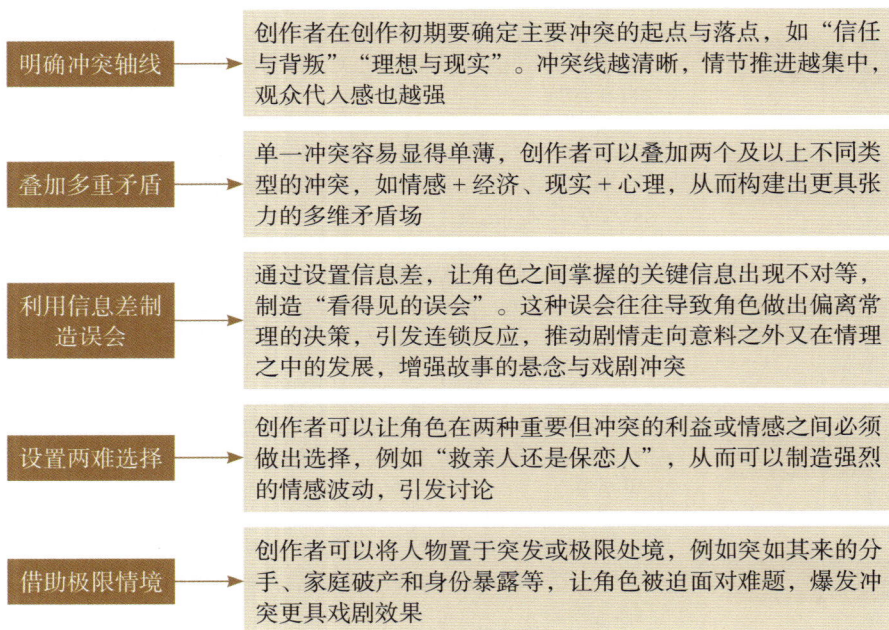

明确冲突轴线	→	创作者在创作初期要确定主要冲突的起点与落点，如"信任与背叛""理想与现实"。冲突线越清晰，情节推进越集中，观众代入感也越强
叠加多重矛盾	→	单一冲突容易显得单薄，创作者可以叠加两个及以上不同类型的冲突，如情感＋经济、现实＋心理，从而构建出更具张力的多维矛盾场
利用信息差制造误会	→	通过设置信息差，让角色之间掌握的关键信息出现不对等，制造"看得见的误会"。这种误会往往导致角色做出偏离常理的决策，引发连锁反应，推动剧情走向意料之外又在情理之中的发展，增强故事的悬念与戏剧冲突
设置两难选择	→	创作者可以让角色在两种重要但冲突的利益或情感之间必须做出选择，例如"救亲人还是保恋人"，从而可以制造强烈的情感波动，引发讨论
借助极限情境	→	创作者可以将人物置于突发或极限处境，例如突如其来的分手、家庭破产和身份暴露等，让角色被迫面对难题，爆发冲突更具戏剧效果

图 1-8 构建冲突的技巧

☆ **专家提醒** ☆

另外，创作者也可以运用打破预期逻辑和提炼冲突象征的方法来构建短剧的冲突，具体内容如下。

（1）打破预期逻辑。创作者可以通过颠覆常规的行为模式或剧情走向，打破观众对角色和事件的预设期待，制造出强烈的情绪反转。例如，在常规逻辑中，理亏的一方本应受到谴责，但剧情却反向发展，展现被原谅甚至被理解的场景，不仅出人意料，也可以激发观众产生情感共鸣。这种"反常规"设计有助于打破套路化叙事，为后续冲突升级或角色反转埋下伏笔。

（2）提炼冲突象征。创作者可以通过为冲突设置一个具体的象征物或行为载体，让抽象的矛盾具象化，增强戏剧表现力。例如，"一封多年未寄出的信"可能承载误解与遗憾，"一张泛黄的旧照片"则可能勾起往昔恩怨或揭示真相。具象元素既能提升情绪的视觉表达力，也能成为推动剧情转折的关键线索，使冲突更有层次和感染力。

1.2.5　设置关键反转

反转，是剧情在关键节点出人意料地发生转折的一种叙事方式。它打破观众的预期，通过情节走向、人物行为或真相揭示上的变化，为故事注入意外与张力，是短剧中常用的"记忆点"构建手法。一个高能的反转，往往能迅速点燃讨论热度，提升观看黏性与二次传播效果。

扫码看教学视频

在短剧中，反转作为一种引人入胜的叙事技巧，其特点主要体现在创新性、意外性、层次性和启发性上。其中，创新性、意外性为观众带来了全新的观影体验；而层次性、启发性则使得作品在情感共鸣和思想启迪方面达到了更高的境界。

短剧常见的反转类型包括人物身份反转、情节因果反转、情感立场反转和视角错位反转等。例如，一个看似无辜的角色实为幕后操纵者，或一段感人实为有预谋的欺骗，抑或角色行为背后有完全不同的动因。这些设置通过颠覆观众认知，实现"情绪落差"，进而增强内容冲击力。

以短剧《我在八零年代当后妈》为例，女主从"带娃失败者"形象逐步反转为"温暖家庭的核心"，每集通过情感与剧情的多层反转巧妙地建立悬念感，让观众在一次次的情绪起伏中不断完成对角色的重新理解与对情节的再判断，使得短剧具备持续吸引力与情感厚度，能够引起观众的共鸣。

为了使反转更具冲击力与传播性，创作者应当巧妙设计信息流动与情节结构，使观众在误判与反思之间产生强烈情绪落差。图1-9所示为6个常见且实用的反转设置技巧。

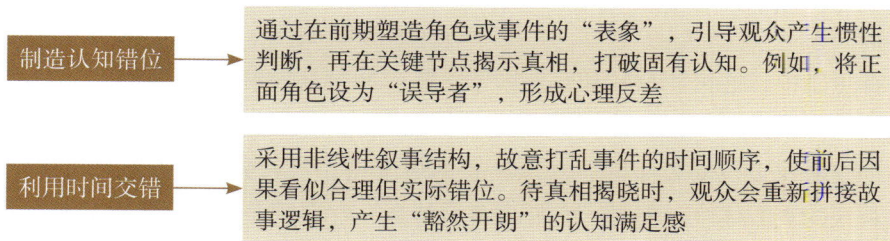

| 制造认知错位 | 通过在前期塑造角色或事件的"表象"，引导观众产生惯性判断，再在关键节点揭示真相，打破固有认知。例如，将正面角色设为"误导者"，形成心理反差 |
| 利用时间交错 | 采用非线性叙事结构，故意打乱事件的时间顺序，使前后因果看似合理但实际错位。待真相揭晓时，观众会重新拼接故事逻辑，产生"豁然开朗"的认知满足感 |

图 1-9

打破角色立场	→	让角色在情节推进中经历信念动摇或立场转变，例如从背叛走向牺牲，从冷漠走向温情。角色出人意料的行为转向，往往也是情感爆发的关键节点
设置悬念误导	→	通过埋设"伪线索"或制造信息偏差，让观众对关键事件产生错误推理。当真相被揭晓时，情节反转不仅凸显巧思，也增加了观众的参与感与回看的欲望
借用视觉隐喻	→	将某个看似普通的道具、场景或动作作为反转前的隐性提示，在真相揭示时赋予其全新意义。这种"象征性反转"常见于情感短剧或悬疑类题材中，效果尤其出色
营造节奏反差	→	在平稳、轻松的情绪节奏中突然引入强烈反转，或在高压剧情中设置意外松弛，使反转更具"震荡力"，让观众在情绪起伏中留下深刻记忆

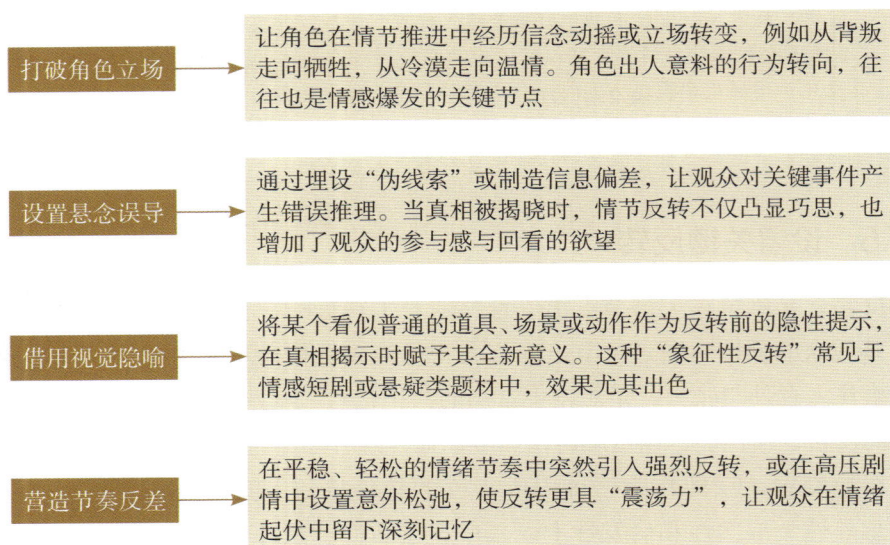

图 1-9　6 个常见且实用的反转设置技巧

1.2.6　引爆多层爽点

爽点，即在观众观看短剧的过程中，能够让其产生强烈的满足感，并实现情绪释放的情节节点。这类情节往往伴随着权力逆转、情感急剧升温或价值得以实现的状况，具有极高的记忆度，且传播力强劲。

扫码看教学视频

爽点的节奏明快，信息高度集中，能在短时间内引发观众极大的情绪波动。通常爽点会出现在剧情的高潮部分，或关键的反击时刻，能够迅速与观众产生共鸣，为观众带来心理层面的"快感"。

爽点极大地提升了短剧的观看愉悦度，有效延长了观众的停留时长，同时增强了剧情的冲击力。观众在感受到爽点带来的强烈情绪冲击后，会更倾向于主动对短剧进行评论、点赞或分享，从而推动内容以情绪为驱动力实现广泛传播。

在短剧中，冲突、反转和爽点紧密关联。冲突是故事发展的动力，为反转和爽点提供土壤；反转基于冲突，打破观众预期，往往能创造新的爽点；爽点则是指当冲突解决或反转发生时，观众情感的爆发点，三者共同提升剧情的吸引力，增强观众的观看体验。但是，它们也各有特点，存在明显区别，如图1-10所示。

本质不同	冲突的本质是矛盾对立关系，是短剧中角色和环境等元素之间的矛盾对抗；反转的本质是剧情的意外转折，是对观众常规预期的打破；爽点的本质是让观众获得强烈正面情绪的情节，是观众情感的高潮点
侧重点不同	冲突侧重于制造剧情的紧张感与悬念，让观众好奇矛盾是如何被解决；反转则侧重于情节的突然变化，强调意外性，通过打破观众预设来吸引其注意力；而爽点侧重于观众的情感体验，让观众在观看时得到情感的宣泄和满足
作用不同	冲突推动剧情发展，促使角色成长，是故事前进的动力；反转可以增加剧情的曲折性和趣味性，让故事更具吸引力，使观众保持好奇心；爽点可以增强观众的情感共鸣，提升作品的观赏体验，提高观众对作品的喜爱度和认可度

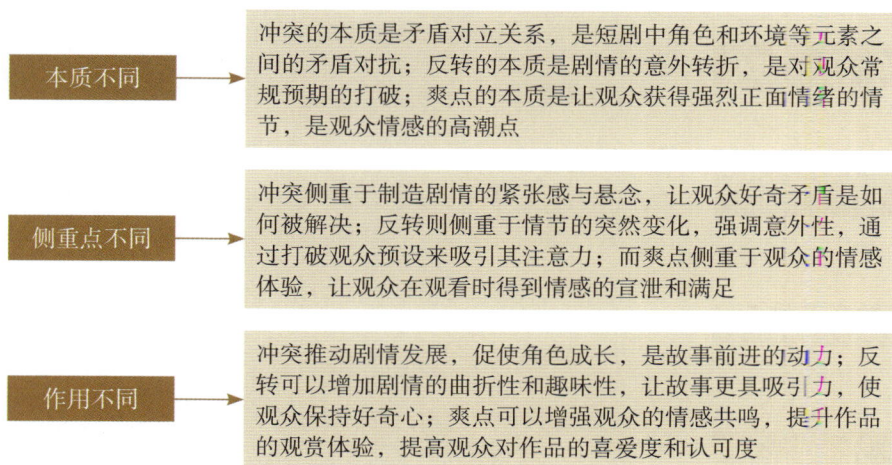

图 1-10 冲突、反转和爽点的区别

例如，在短剧《虚颜》中，冲突、反转和爽点紧密交织。在冲突方面，相国府大小姐沈沁不愿政治联姻，与父亲的安排产生矛盾，同时她用十七姐姐的下落哄骗十七换脸，使得十七陷入身份危机，与沈沁、宁王、萧寒声等人形成多方冲突，这推动了剧情的发展，让十七在将军府隐藏身份时不断应对危机。

反转之处在于，观众原以为是简单的换脸替嫁，后来却发现沈沁不是真沈沁，而是十七的姐姐，她也与真沈沁换过脸，身份的多次反转打破观众预期，加剧了人物间的冲突，而宁王爱上有沈沁脸的十七，却不知这背后复杂的身份关系。

爽点在于，男主萧寒声很快识破女主并非原本的沈沁，没有被虚假的容貌迷惑，坚定地站在女主身边，两人感情迅速升温且互动甜蜜，满足观众对美好爱情的期待。同时，女主凭借善良聪慧，在困境中逐渐化解危机，如在知晓女二阴谋后，巧妙周旋，最终收获幸福，让观众获得情感满足。

由此可见，冲突提供情节张力，反转制造情绪波动，而爽点则承担着情感释放与价值兑现的作用。在短剧创作中，三者协同构建出完整的情绪节奏，尤其是爽点的设计，直接影响到观众的观剧体验与传播意愿。因此，为了提升短剧的吸引力和爆发力，创作者需要有意识地布局与强化多层次的爽点。图1-11所示为一些实用的爽点设计技巧。

不过，创作者在设计爽点时需要注意避免过度依赖单一情节或情绪爆发，避免让爽点显得突兀或过于造作。要确保爽点与剧情逻辑紧密相连，角色的行为动机要合理且符合人物设定。此外，爽点的情绪释放要适时，不宜过早或过晚，让观众始终保持期待感。

| 对比中激发爽感 | → | 通过"前压后爽"的结构设计，在角色经历压迫、误解或失败后，设置突然爆发的胜利或反转，使观众获得情绪释放与价值认同 |

| 制造节奏快感 | → | 在关键场景中使用快速对白、强行动反馈、简洁镜头等手法营造高节奏氛围，让观众在视觉与心理上形成同步快感，提升节奏爽感 |

| 强化角色动机 | → | 让角色的行为动机充分合理，观众才会认可其反击、表白或复仇行为。当动机与行为一致时，爽点的说服力和情绪感染力才会被放大 |

| 设置瞬时反压 | → | 在预期的"爽"之前，短暂制造一个更深层的阻力或误导，如角色一度被放弃、被背叛、误伤他人等，再迅速反击，情绪反差更强 |

| 加入感官刺激 | → | 配合音效、动作设计或镜头语言强化冲击力，如"反手一巴掌""掀桌摊牌"等直观的动作，使爽点兼具心理满足与视觉痛快 |

| 连接集体情绪 | → | 爽点最好不是角色的"私爽"，而是观众的"共爽"。可融入大众共鸣议题，如打工反击、情感正义、家庭认同等，引发更大的情绪波动 |

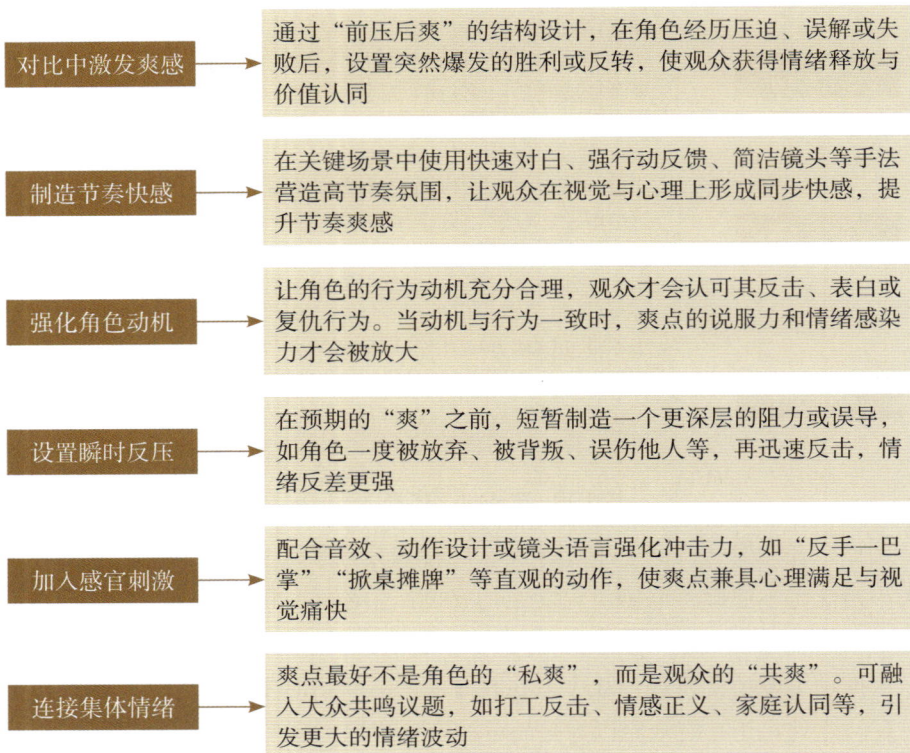

图 1-11　一些实用的爽点设计技巧

1.2.7　编写高能对白

在短剧创作中，台词不仅仅是角色之间语言交流的工具，它还承担着塑造人物性格、表达内心冲突及引导观众情绪的多重作用。优秀的台词能够为人物赋予生命力，并帮助创作者构建剧情的紧张感或情感深度。

扫码看教学视频

台词的特点通常是简洁、直观且富有冲击力。尤其是在短剧这种节奏紧凑的作品中，每一句台词都必须精准有效，不容赘述。它们需要在有限的时间内，尽可能地完成情感传递、角色塑造与情节推进等多重任务。

台词通常可以分为对白、独白和旁白，每种类型的台词都具有特定的功能和作用，具体如图1-12所示。

在短剧中，最常见的台词形式是对白。精准的对白不仅要服务于剧情，还要突出角色的特点与冲突。下面介绍5种编写对白的方法。

对白	对白是角色之间的对话，是推动故事发展的主要语言形式。通过对白，观众能够了解人物之间的关系、情感冲突，并随着对话的推进看到故事的发展
独白	独白通常是角色在没有其他人时表露的心声，常见于剧情的情感转折或角色内心深处的表达。它不仅可以揭示人物的内心世界、心理变化，也能展示角色的成长与变化，起到深化情感层次的作用
旁白	旁白是叙事者或角色在画面之外提供的信息。它通常用于提供背景信息、补充剧情细节或加深故事氛围，往往是帮助观众快速了解故事背景或解释复杂情节的有效工具

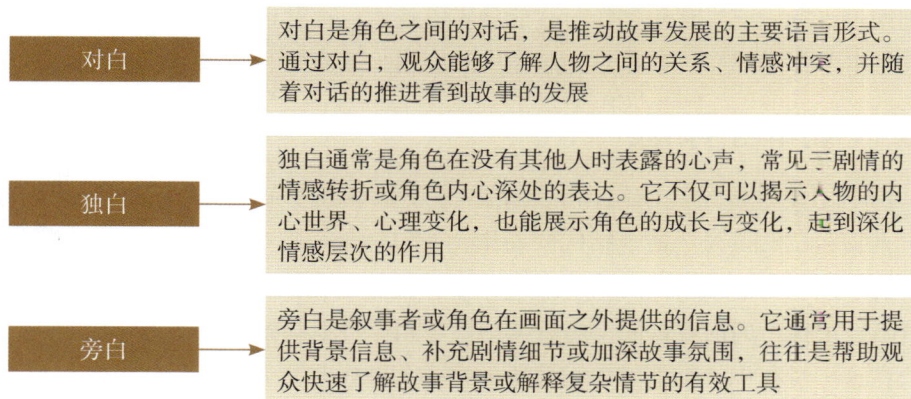

图 1-12　不同类型台词的功能和作用

（1）紧扣人物性格。每个角色都有独特的个性与背景，创作者在编写对白时必须紧扣角色的性格特点，例如一个高冷的角色不会用过多感性的语言，通过对白来展现角色独特的语言风格，使角色更加立体。

（2）简洁直白，避免冗长。短剧的节奏一般较快，对白应简洁、直白，避免冗长的铺陈。引外，每一句对白都应承担明确的目的，不仅要推动剧情的发展，还应加强角色之间的互动。

（3）强调冲突和情感。在情节高潮或人物情感爆发时，角色的对白往往充满张力。创作者在编写对白时要着重体现角色间的矛盾冲突或内心斗争，这样能增加剧情的紧张感与深度。

（4）运用对比和反差。通过设置对比和反差的对白，能够有效凸显角色个性和情感冲突。例如，在一个情感紧张的场景中，使用轻松、幽默的语言，可以形成强烈的对比效果，缓解气氛，同时也加强了剧情的戏剧性。

（5）与情节同步推进。对白的设计要与剧情发展同步，避免与情节脱节。例如，在故事的转折点，角色的对白可以暗示剧情的发展或人物的心理变化。精准的对白不仅能传达情感，还能为情节发展提供线索和伏笔。

1.3　AI 在短剧制作中的应用

随着AI技术的不断发展，短剧制作的各个环节也逐步实现了智能化。在剧本创作阶段，AI不仅能协助生成故事和对白，还能自动生成分镜脚本和分镜画面，帮助创作者快速将创意转化为可操作的拍摄方案。在拍摄执行和后期制作阶段，

AI则通过视频生成、音乐创作与智能剪辑等技术，提升创作效率与视觉表达的多样性。本节将详细探讨AI在短剧制作中的应用，逐步解锁其强大的创作潜力。

1.3.1　剧本创作阶段

剧本创作阶段是短剧制作的起点，它不仅涵盖了故事大纲的构思、人物对白的撰写、情节结构的安排，还包括分镜脚本的编排，以及分镜画面的初步呈现。这一阶段的核心目标，是将抽象的创意转化为清晰、可执行的内容蓝图，为后续拍摄与制作打下基础。

扫码看教学视频

在这一过程中，AI能够参与并协助多个关键环节，大幅提升创作效率与视觉表达力，具体内容如下。

（1）生成故事大纲与剧情结构。根据关键词、题材或创意方向，AI可以快速生成完整的故事设定，帮助创作者搭建清晰的剧情框架。

（2）撰写对白与增强人物的表达。AI可以根据角色性格、关系走向与剧情发展，生成符合语境的对白内容，既确保对话自然流畅，又能突出人物个性。同时，AI还能对对白进行风格化处理与语言优化，增强人物表达的层次感与情感张力。

（3）编写分镜脚本。AI可以将剧本内容拆解为镜头级别的叙述，输出包含画面内容、景别和镜头运动等要素的分镜脚本；也可以直接生成对应格式的分镜脚本，辅助拍摄规划。

（4）生成分镜画面。AI能够根据文字描述直接生成视觉草图，呈现镜头构图与画面氛围，为后续视觉设计提供初步参考。

通过AI的辅助，剧本创作从文字到画面的转化效率大幅提升，创作者可以更快速地实现内容构思、视觉表达与制作对接的无缝衔接。AI在剧本创作阶段的应用案例如下。

提示词

请帮我构思一部15～20分钟的亲情类短剧故事大纲，聚焦母女之间的矛盾与和解，要求情节有起伏、情感真挚，结尾温暖治愈。

DeepSeek

《风铃巷的春天》故事大纲

【故事梗概】在江南古镇经营旧书店的单身母亲林素琴，与梦想成为时尚摄影师却屡屡受挫的女儿周小棠，因一场拆迁危机揭开二十年误解。当小棠在泛黄的书页间发现母亲尘封的芭蕾舞鞋与老相机时，两代人的艺术灵魂终在梧桐飘絮的春日达成和解。

【人物小传】

林素琴（45岁）：旧书店"拾光书屋"店主，年轻时是省歌舞团芭蕾舞演员，右腿旧伤总在阴雨天发作。她总用蓝布帕子包着丈夫留下的老相机。

周小棠（22岁）：视觉传达专业应届生，手机壳贴着"成为优秀摄影师"贴纸。

【场景设计】

主场景：临河而建的木结构旧书店，二楼雕花窗悬着十二串玻璃风铃，每串铃舌都是不同颜色的芭蕾舞鞋造型。

【分场大纲】

……

☆ 专家提醒 ☆

　　由于篇幅原因，AI工具的回复内容只展示要点，详细的回复文案，请看随书提供的完整文件。另外，本章内容仅作为举例展示，想了解具体的操作方法，请阅读后面的对应内容。

1.3.2　拍摄执行阶段

　　拍摄执行阶段是将剧本转化为影像作品的关键环节，通常包括演员表演、场景搭建、机位调度、摄影摄像、灯光布置等实际拍摄工作。在传统制作流程中，这一阶段不仅对人力与设备要求较高，还涉及大量的协调与成本控制。拍摄效果的完成度直接决定了作品的质感与可看性，也是短剧制作中投入最多的阶段之一。

扫码看教学视频

　　随着AI技术的发展，拍摄执行的形式发生了深刻变化。AI可以根据剧本内容直接生成视频片段，包括角色动作、场景构图和镜头运动等，部分场景甚至无须实地拍摄，即可实现动态画面的自动生成。AI在拍摄执行阶段的应用案例如图1-13所示。

图 1-13　AI 在拍摄执行阶段的应用案例

　　这种生成式拍摄方式不仅能减少对演员、场地和设备的依赖，还可根据需求快速生成不同版本的镜头内容，提升创作的灵活性与效率。AI在拍摄执行中的应用，为短剧提供了新的生产路径，特别适合快节奏、低成本、高内容密度的制作模式，成为短剧创作中颠覆性的重要手段之一。

1.3.3 后期制作阶段

后期制作是短剧制作中对画面、声音与节奏进行最终处理与优化的阶段，直接关系到作品的完成度与观感质量。该阶段通常包括素材剪辑、音频处理、配乐设计、字幕与特效添加、色彩校正及格式输出等多个环节，是创意与技术深度融合的体现。

随着AI技术的加入，后期制作环节正在加速智能化与自动化进程。AI不仅提升了后期制作效率，更在内容表现力上带来了新可能，具体如图1-14所示。

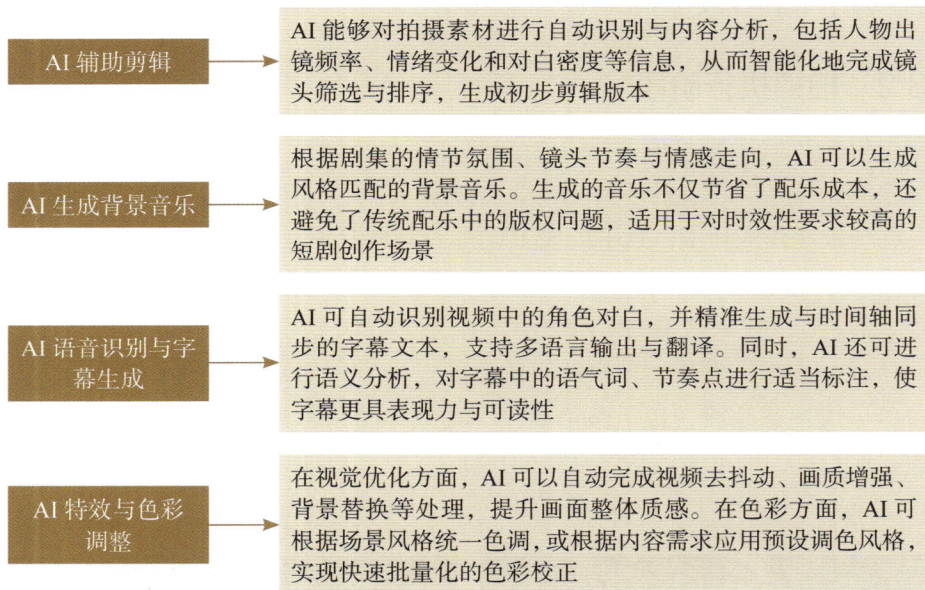

AI 辅助剪辑	AI 能够对拍摄素材进行自动识别与内容分析，包括人物出镜频率、情绪变化和对白密度等信息，从而智能化地完成镜头筛选与排序，生成初步剪辑版本
AI 生成背景音乐	根据剧集的情节氛围、镜头节奏与情感走向，AI 可以生成风格匹配的背景音乐。生成的音乐不仅节省了配乐成本，还避免了传统配乐中的版权问题，适用于对时效性要求较高的短剧创作场景
AI 语音识别与字幕生成	AI 可自动识别视频中的角色对白，并精准生成与时间轴同步的字幕文本，支持多语言输出与翻译。同时，AI 还可进行语义分析，对字幕中的语气词、节奏点进行适当标注，使字幕更具表现力与可读性
AI 特效与色彩调整	在视觉优化方面，AI 可以自动完成视频去抖动、画质增强、背景替换等处理，提升画面整体质感。在色彩方面，AI 可根据场景风格统一色调，或根据内容需求应用预设调色风格，实现快速批量化的色彩校正

图 1-14 AI 在后期制作阶段的应用

AI在后期制作阶段的介入，不仅让短剧的完成周期显著缩短，也进一步降低了制作门槛，让更多创作者能够专注于内容本身的创意表达。

1.4 AI 提示词的编写技巧

在短剧制作的各个环节中，提示词不仅是与AI沟通的桥梁，更是创作效果能否达到预期的关键因素。从文案写作到画面生成，提示词的质量决定了AI输出的方向与深度。本节将从文本提问与视觉创作两个层面，讲解如何高效地编写提示词，助力短剧创作提质增效。

1.4.1 明确问题目标

在短剧创作中，AI常被用于快速生成剧本内容、角色对白或文案素材。为了得到准确而有用的结果，提出的问题必须直接、清晰。直接提问适用于获取简洁明确的答案，其核心在于明确目标和意图。

扫码看教学视频

例如，若希望生成短剧中的一个关键冲突场景，应在提示词中具体说明场景发生的地点（如废弃工厂）、主要角色（如主角与反派）、矛盾焦点（如争夺重要信物），以及期望的紧张程度（如高悬念、快节奏），使AI能锁定重点，快速产出符合预期的内容，相关案例如下。

👤 提示词

请为我生成短剧中的一个关键冲突场景。场景设定在废弃工厂，主要角色为主角小水和反派小山。矛盾焦点是两人争夺一件至关重要的信物——家族印章。我希望这个场景呈现出高悬念、快节奏的紧张氛围，对话要简洁有力，能凸显角色的性格特点和当时剑拔弩张的状态，场景描述要细致，包括工厂内破败的环境、光影效果等，以增强画面感。

🐋 DeepSeek

好的，我将按照您的要求创作一个充满张力的工厂对峙场景。为了让故事更完整，我先整理一下故事的基本框架。请您看看以下内容是否符合您的预期。如果您有其他想法，可以随时提出，我会进行调整。

【环境铺垫】
锈蚀的钢架在天窗透下的血色夕阳里交错成网，齿轮残骸在穿堂风中发出金属的低吟。三层旋转铁梯中央悬着断裂的传送带，小水握紧的掌心渗出冷汗，家族印章的棱角正刺痛她的掌纹。

【对峙升级】
"哐当——"
小山踢飞的螺母撞在压力罐上，回响震碎了凝结的空气。他踩着铁网台阶逼近，皮靴底部的钢钉与铁锈摩擦出星火。

【致命博弈】
小水（背靠冷却管后退）
"爷爷临终前说过，印章只传给心里干净的人"
……

该提示词精准遵循明确问题目标原则，通过锁定"废弃工厂"场景、"家族印章"矛盾焦点及"高悬念快节奏"氛围需求，构建清晰的创作框架。角色性格、环境细节及对白风格等要素形成多维指令，既划定AI的生成边界，又保留艺术发挥的空间，确保产出内容紧扣"关键冲突"核心目标。

1.4.2 精准提问更高效

在短剧制作过程中，特别是在剧本或角色设定阶段，模糊或泛泛的提问常常带来不够聚焦的回复。精准提问则能提升AI回应的深度与可用性。通过提供具体的内容要求、使用场景或表现目标，能够引导AI生成更贴合需求的内容，大幅提高创作效率与成品质量。精准提问更高效的相关案例如下。

扫码看教学视频

👤 提示词

撰写一段适合都市情感类短剧的开场对白，人物为30岁独居女性，语气温柔但内心矛盾，控制在100字以内。

🐋 DeepSeek

【深夜，钥匙转动声后，一盏暖黄调的台灯亮起。女人放下帆布包，指尖轻触窗边枯萎的绿萝。】
女人（对着空气喃喃）："第三次忘记浇水啦……"（瞥见手机弹出新消息，指节蜷缩）"张医生的咖啡邀约……"（指尖悬在回复键上方，突然轻笑）"相亲资料写我喜欢园艺？明明连多肉都……"（震动声再次响起，她将手机反扣在针织桌布上）

这个提示词完美体现了精准提问的价值，它不仅清晰地锁定了目标输出类型，还提供了内容、场景、人物、情绪和字数等多重限定，有效引导AI生成高质量、贴合需求的内容。

1.4.3 构建逻辑链条

短剧创作者在构思内容时常会面对碎片化的灵感与零散的提问。通过构建逻辑链条，如"背景—问题—分析—方案"，可引导AI系统化地给出清晰且结构完整的回答。这一方式尤其适合策划类创作，或需要形成连贯思路的剧情梳理场景。构建逻辑链条的相关案例如下。

扫码看教学视频

👤 **提示词**

请按照"背景—冲突—转折—结局"结构，设计一个关于修复父子关系的短剧剧情大纲。

🐋 **DeepSeek**

《弦外之音》剧情大纲

背景：

50岁的古琴匠人陆明德在江南水乡经营祖传琴坊，儿子陆子安（25岁）是音乐学院电子音乐系毕业生。父亲用满墙古琴获奖证书装饰工作室，儿子手机里存着上百首未发布的电子音乐小样。两人在挂着"天韵琴坊"牌匾的老宅里沉默地吃着晚餐，收音机播放着昆曲，厨房水龙头滴答声清晰可闻。

冲突：

中秋夜暴雨，子安拖着湿透的采样设备冲进琴坊，撞见父亲在擦拭他初中获得的古琴比赛奖杯。明德敛眉："这种天气还去录什么下水道的声音？"子安反呛："总比对着死人木头强。"争执中碰倒明代古琴松风，琴身裂痕如闪电。子安连夜离家，带着母亲遗物——残缺的玉簪式U盘。

转折：

三个月后，琴坊接到修复明代戏台藻井的订单。明德在阁楼发现子安藏着的实验专辑《瓦当听雨》，混音中隐约有自己研琴的刨木声。暴雨夜追查音源时心脏病发，抢救时手机循环播放着子安十岁时录的童谣："爸爸的刨子会唱歌……"

……

这个提示词明确采用"背景—冲突—转折—结局"的结构逻辑，引导AI以系统化方式生成父子关系修复的剧情大纲，避免内容碎片化。它紧扣"构建逻辑链条"主题，通过结构化提示提升短剧创作的条理性与执行力，适用于需要完整叙事流程的策划场景。

1.4.4 指定输出格式

在短剧脚本写作、人物设定或分镜设计时，清晰的输出格式能让AI生成更符合预期的内容。通过在提示词中加入"请用表格呈现""控制在200字以内"等限定条件，不仅能提升阅读效率，也便于内容直接用于实际创作流程。指定输出格式的相关案例如下。

扫码看教学视频

👤 **提示词**

请将以下短剧片段整理为3栏分镜表格，表头为镜头编号、画面内容，以及人物动作与台词。

> 片段内容：男主在雨中等候多年未见的旧爱，镜头由远及近，展现他焦急又期待的神情，旧爱撑伞走来，气氛渐显复杂。

🐋 DeepSeek

表1-1所示为按照要求整理的3栏分镜表格。

表1-1　3栏分镜表格

镜头编号	画面内容	人物动作与台词
1	雨幕笼罩的街道远景	男主以剪影姿态立于昏黄的路灯下，雨水斜打镜头，外套肩头已湿透，双手紧握手机垂在身侧
2	中景推近至腰以上镜头	男主反复查看黑屏的手机（特写手指划开雨珠），踱步时踩碎水洼倒影，喉结滚动："她……真的会来吗？"
3	面部特写（雨水顺下颌滴落）	睫毛颤动间抬眼望向街道尽头，瞳孔映出远处模糊的人影，喉间吞咽动作伴随加重的呼吸白雾
4	过肩镜头（男主视角）	旧爱执透明雨伞缓步入画，米色风衣下摆随步幅翻涌，伞沿低压遮住眉眼，高跟鞋声渐渐清晰
5	双人中景（雨伞分割构图）	旧爱在三步外停驻，伞面微抬露出红唇："听说伦敦常下雨。"男主指尖陷入掌心："我……"镜头拉远呈现两人间3米的潮湿距离

注：通过雨水折射的霓虹光斑、渐强的雨声设计环境张力，旧爱始终未完全露出全脸的设计强化疏离感，男主吞咽台词的设计体现多年未见的生涩与克制。

该提示词在表达需求的同时，明确了输出格式（3栏分镜表格）及具体栏目内容（镜头编号、画面内容、人物动作与台词），便于AI生成结构清晰、直接可用于制作的分镜内容。

1.4.5　提供具体情境

无论是角色对白、剧情发展，还是台词风格，AI都需要明确的情境才能生成贴切的内容。创作者可以假设特定的短剧背景和人物身份，如"职场新人""亲子冲突场景"等，有助于AI更准确地把握语气、节奏与文化语境，从而产出更具共鸣力的内容。提供具体情境的相关案例如下。

扫码看教学视频

👤 提示词

你是一位短剧编剧，请为一部都市女性成长题材短剧设计3句女主台词。背景设定：女主刚升职为主管，在会议上首次面对曾经质疑她能力的上司，情绪复杂，语气需坚定但克制。

🐋 DeepSeek

> 3句女主台词设计：
>
> 1.（指尖轻叩报表边缘，目光平视斜对面的上司）
>
> "张总监，过去3个季度的业绩增幅就钉在白板左上角——您若是需要，我不介意把团队优化的底层逻辑再复盘一遍。"
>
> 2.（在对方提起"经验不足"时微微抬高下颌）
>
> "新岗位需要磨合期，但我相信在座各位更在意的是如何把部门效能提升到新量级。（停顿半拍）毕竟比起资历深浅，具有使公司利益最大化的能力才配坐在这个位置。"
>
> 3.（收拾文件时突然停住，指节因用力微微发白）
>
> ……

这个提示词设定了详细的情境，包括角色身份（女主）、剧集类型（都市女性成长）、具体场景（升职后首次会议）、情绪状态（坚定但克制）和交互对象（曾经质疑她的上司）。通过这些元素，AI能精准了解角色心理和表达语气，从而生成符合人物性格与剧情张力的对白。

1.4.6　描述主体部分

在AI生成图像或视频画面时，明确描述画面中的主体至关重要。主体是观众注意力的焦点，决定了画面表达的核心含义。通过准确设定主体的身份、外貌特征、动作状态等内容，能有效引导AI生成目标一致、风格统一的画面。

扫码看教学视频

以"一位身穿黑色斗篷的中国少女，手持银色长剑，站在山崖边，迎风而立，黑发随风飘扬，目光坚定"为例，该提示词明确描绘了人物身份、外貌特征与动态姿态，结合服饰颜色、情绪表达与场景设定有助于AI准确识别主体形象并生成具有故事氛围的画面。使用该提示词生成的图片效果如图1-15所示。

图1-15　图片效果展示

1.4.7 设定合适的场景

场景设定是构建短剧画面氛围和叙事背景的关键。AI通过场景提示词来理解发生环境、时间设定及空间构成，从而生成契合剧情需求的背景画面。场景类型大致可分为自然环境、城市空间和室内空间等。恰当的场景设定不仅提升画面美感，也强化了短剧的情境代入感。

以"江南水乡的小镇，黄昏时分，细雨纷纷，石板路上空无一人，街边的灯笼微微亮起"为例，该提示词通过描绘江南水乡小镇的黄昏时分，细雨、空无一人的石板路及微亮的灯笼，创造出宁静、诗意的氛围。时间、环境和空间构成的精准设置，可以帮助AI生成富有情感和地方特色的背景画面，强化短剧的沉浸感和故事氛围。使用该提示词生成的视频效果如图1-16所示。

图 1-16　视频效果展示

1.4.8 选择视线角度

视线角度是决定画面视觉关系和情感传达的重要因素。通过提示词设置不同的拍摄角度，如俯拍、仰拍和平视等，能影响观众的心理感受与画面氛围。合理选择视角可突出人物状态、强化情绪表达，使画面更具叙事性和视觉层次。

以"航拍视角下，夕阳余晖洒在波光粼粼的海面上，一座灯塔矗立，晚霞绚烂"为例，该提示词采用航拍视角，镜头俯瞰大海与灯塔，营造出开阔宏大的视觉效果。这种视角强调了场景的整体布局与色彩搭配，能够引导AI呈现画面的壮美与宁静，突出自然与人文的和谐共存，增强画面的叙事性和情感表达。使用该提示词生成的图片效果如图1-17所示。

图 1-17　图片效果展示

1.4.9　设置画面景别

景别是指画面中主体与背景的关系，决定了人物和环境的展示比例及细节呈现。通过调整景别，创作者可以引导观众的视线，突出重点，强化情感或氛围。常见的景别包括特写、中景、远景等，每种景别都有其特定的叙事功能和情感表达。在提示词中合理设置景别，有助于AI准确生成符合创意需求的画面效果。

扫码看教学视频

以"特写，一个女孩低头微笑，嘴角轻轻上扬，阳光洒在脸颊上，镜头聚焦其面部与表情"为例，该提示词采用特写景别，镜头聚焦在女孩的面部与表情细节上，有效突出人物微笑的神态与阳光下的温柔。通过强调"低头微笑""阳光洒在脸颊"等具体细节，可以引导AI准确呈现面部情感与光影效果，提升画面的感染力与表现力。使用该提示词生成的图片效果如图1-18所示。

图 1-18　图片效果展示

1.4.10　描述环境光线

光线不仅是画面的组成元素，更是情绪与氛围的重要塑造工具。在利用AI生成画面时，通过提示词描述光线的方向、强度、色温及自然/人造光源类型，能够影响整个画面的感受与基调。常见描述包括"柔和的自然光""窗外透进的晨曦"等。精确的光线提示能增强画面的视觉美感，使AI生成的结果更具真实感与艺术性。

以"清晨森林，薄雾间穿透树冠的丁达尔光线，苔藓与露珠被照亮，空灵治愈系画面"为例，该提示词通过"穿透树冠的丁达尔光线"描述了光线的方向与特殊效果，强调了柔和的自然光和清晨的暖色调，营造出宁静、治愈的氛围。苔藓与露珠的细节描写增强了画面的真实感与艺术性，整体营造出了空灵、治愈的清晨森林景象。使用该提示词生成的视频效果如图1-19所示。

图 1-19　视频效果展示

1.4.11　描述技术和风格

在使用AI生成图像或视频的过程中，技术与风格的描述是影响画面表现力的关键。技术表现指画面的呈现手法，如"电影感画质""浅景深效果"等，决定了图像的视觉层次与专业度；艺术风格则体现了作品的美学取向，如"写实风格""国风水墨"等，帮助统一整体视觉语言。合理融合这两个层面，能显著提升AI生成画面的质感与风格识别度，从而为短剧打造具有辨识度的视觉风格与品牌气质。

以"古风少女站在江边柳树下，长发随风飘动，水面波光粼粼，电影感画质，超高清质感，写实风格，自然光影"为例，"电影感画质""超高清质感"明确了图像的技术要求，使AI输出具备专业水准的视觉效果；"写实风格"则指引整体画风趋向于真实、自然。整体提示词构建了统一而富有表现力的视觉图景，有助于AI精准生成高质量画面。使用该提示词生成的图片效果如图1-20所示。

图 1-20　图片效果展示

本章小结

本章首先介绍了短剧的基础知识，包括短剧的定义、分类及优点，为学习后续内容奠定基础。然后介绍了短剧剧本的创作要素，涵盖主题策划、故事结构安排、角色塑造、冲突构建、反转设置、爽点引爆及高能对白编写等方面，为剧本创作提供指导。最后介绍了AI在短剧制作各个阶段的应用及AI提示词的编写技巧，助力创作者高效利用AI技术提升短剧制作质量。

课后实训

鉴于本章知识的重要性，为了帮助读者更好地掌握所学知识，本节将通过课后实训，帮助读者进行简单的知识回顾和补充。

【实训任务】请让AI用"优点1""缺点1"的格式，分别列出使用AI制作短剧的5个优缺点，相关提示词和回复内容如下。

扫码看教学视频

提示词

请你用"优点1""缺点1"的格式，分别列出使用AI制作短剧的5个优缺点。

DeepSeek

以下是使用AI制作短剧的5个优点和5个缺点，按格式整理如下。

优点

优点1：低成本、高效率

AI可快速生成剧本、分镜、配音等内容，大幅降低人力与时间成本，适合小成本制作。

优点2：快速迭代能力

AI能根据反馈即时调整内容（如台词、画面风格），缩短创作周期，提升试错效率。

优点3：突破人类创意局限

AI可结合海量数据生成反常规的剧情或视觉效果，提供新颖的灵感方向。

优点4：无间断创作

......

第 2 章　分镜脚本搭建：
DeepSeek、Kimi 构建故事蓝图

　　在利用AI制作短剧的流程中，分镜脚本是将剧本可视化、实现影像表达的关键因素。本章将围绕分镜脚本的搭建展开，分别介绍如何用DeepSeek打磨剧本内容，为制作分镜脚本奠定基础，再借助Kimi生成不同类型短剧的分镜脚本，实现从文字到镜头的高效衔接。

2.1　使用 DeepSeek 完善短剧剧本

要生成高质量的分镜脚本，离不开扎实的剧本基础。本节将从DeepSeek的安装与认识入手，逐步介绍短剧剧本创作的7大关键要素。通过主题策划、结构构建和角色塑造等实操演示，帮助创作者借助AI高效完善短剧剧本，为后续镜头转化做好铺垫。

2.1.1　登录与认识DeepSeek网页版

DeepSeek是由杭州深度求索人工智能基础技术研究有限公司开发的一款人工智能工具，它不仅具备流畅自然的文本生成能力，还支持多轮追问与细节拓展，非常适合用于短剧剧本与分镜脚本的辅助创作。在短剧制作中，DeepSeek可以帮助创作者快速生成情节构思、角色设定甚至具体对白，从而构建出高效、有张力的叙事蓝图。下面介绍登录DeepSeek网页版的操作方法。

扫码看教学视频

步骤 01 在浏览器（如百度浏览器）中，❶输入并搜索DeepSeek；在"网页"选项卡中，❷单击DeepSeek官网链接，如图2-1所示。

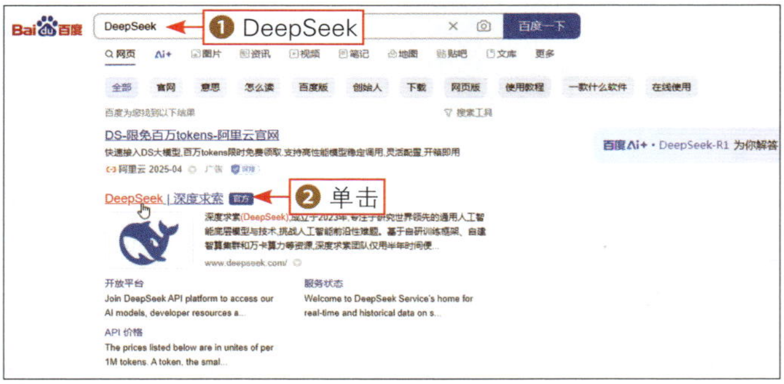

图 2-1　单击 DeepSeek 官网链接

步骤 02 进入DeepSeek官网，单击"开始对话"按钮，如图2-2所示。

步骤 03 进入DeepSeek的登录页面，DeepSeek提供了验证码登录、密码登录和微信扫码这3种登录方法，推荐首次使用的创作者通过验证码进行登录，❶输入手机号；❷单击"发送验证码"按钮，如图2-3所示。

步骤 04 执行操作后，弹出验证对话框，如图2-4所示，创作者根据要求完成验证后，系统会自动关闭对话框，并发送短信验证码。

步骤 05 ❶输入收到的验证码；❷单击"登录"按钮，如图2-5所示。

图 2-2 单击"开始对话"按钮

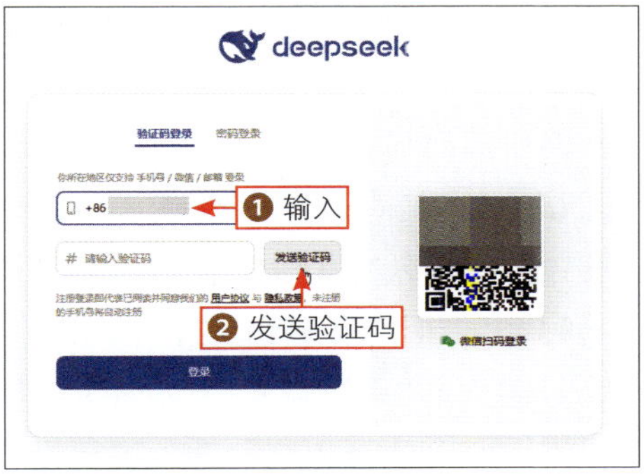

图 2-3 单击"发送验证码"按钮

图 2-4 弹出验证对话框

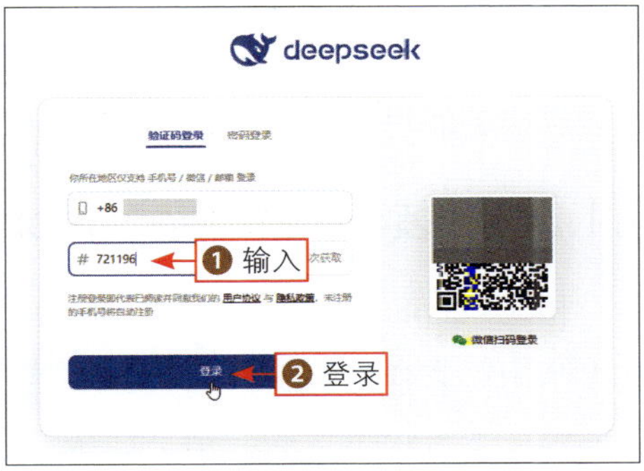

图 2-5 单击"登录"按钮

步骤06 执行操作后，即可完成登录，自动进入DeepSeek的对话页面，其组成如图2-6所示。

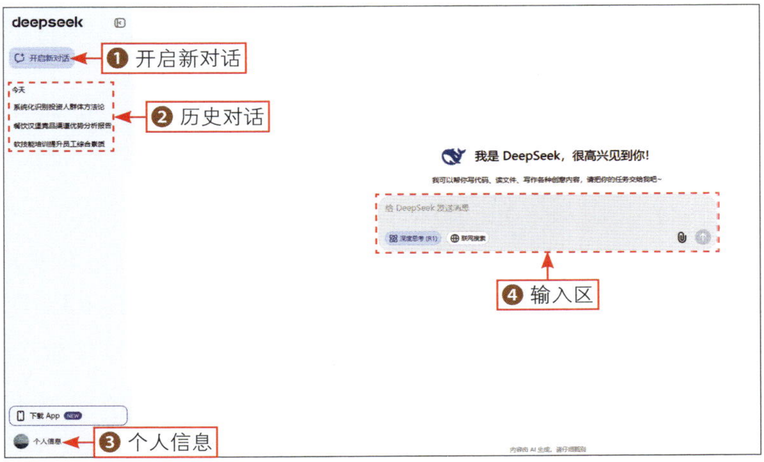

图 2-6 DeepSeek 的对话页面

下面对DeepSeek对话页面中的组成部分进行介绍。

❶ 开启新对话：单击"开启新对话"按钮，能为创作者开启一个全新的、独立的对话窗口，使创作者与DeepSeek的交流更加高效和清晰。

❷ 历史对话：在该区域中，会显示创作者与DeepSeek的所有对话记录，创作者可以单击任意记录，进入历史对话页面，回顾对话内容。

❸ 个人信息：单击"个人信息"按钮，即可弹出相应的列表框，其中显示了账号名称、"系统设置""联系创作者"和"退出登录"这4个选项，创作者可以根据需要，选择相应的选项进行设置。

❹ 输入区：该区域包括输入框、"深度思考（R1）"按钮、"联网搜索"按钮、"上传附件"按钮❶和发送按钮↑5个部分。其中，输入框和发送按钮↑能够让创作者输入并发送提示词；单击"深度思考（R1）"按钮或"联网搜索"按钮，可以开启或关闭对应的功能；"上传附件"按钮❶可以帮助创作者上传文件。

2.1.2　安装与了解DeepSeek手机版

相比DeepSeek网页版的操作，DeepSeek手机版更加灵活便捷，适合短剧创作者在灵感突发时快速记录与生成内容。无论是地铁上的创意速记，还是拍摄现场的剧本补充，DeepSeek手机版都能提供即时响应与智能协助。下面介绍安装DeepSeek手机版的操作方法。

扫码看教学视频

步骤01 在手机中，点击"应用商店"按钮，如图2-7所示，即可打开软件，并进入"首页"界面。

步骤02 点击界面顶部的搜索栏，❶在搜索栏中输入并搜索DeepSeek；❷在搜索结果中点击DeepSeek右侧的"安装"按钮，如图2-8所示，即可下载并安装DeepSeek手机版。

步骤03 DeepSeek安装完成后，原来的"安装"按钮会变成"打开"按钮，点击该按钮，如图2-9所示。

步骤04 执行操作后，进入DeepSeek手机版，在弹出的"欢迎使用DeepSeek"面板中，点击"同意"按钮，如图2-10所示，同意相关协议和政策。

步骤05 执行操作后，进入登录界面，以验证码登录为例，❶输入手机号和验证码；❷选中相应的复选框；❸点击"登录"按钮，如图2-11所示。稍等片刻，创作者即可使用手机号和验证码进行登录。

☆ 专 家 提 醒 ☆

如果创作者之前登录过DeepSeek，并且账号已经绑定过微信了，可以直接点击"使用微信登录"按钮，跳转至微信进行授权登录即可。

图 2-7 点击"应用商店"按钮

图 2-8 点击"安装"按钮

图 2-9 点击"打开"按钮

图 2-10 点击"同意"按钮

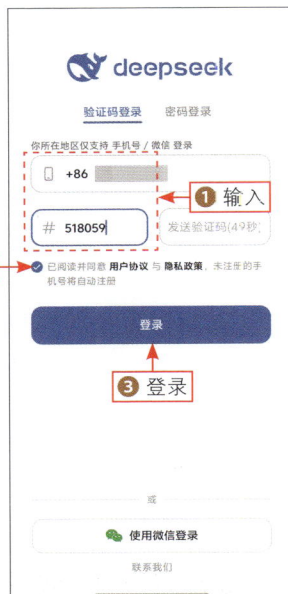

图 2-11 点击"登录"按钮

步骤 06 登录完成后，进入DeepSeek的"新对话"界面，其组成如图2-12所示。

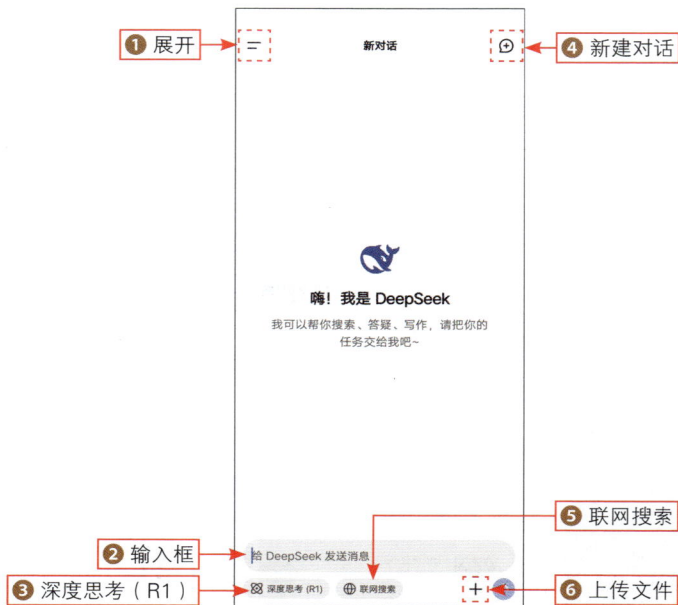

图 2-12　DeepSeek "新对话" 界面的组成

下面对DeepSeek "新对话" 界面中的组成部分进行讲解。

❶ 展开 ＝：点击该按钮，即可显示最近的对话记录和创作者信息。

❷ 输入框：创作者可以在这里输入提示词，以获得DeepSeek的回复。

❸ 深度思考（R1）：点击该按钮，即可使用 "深度思考（R1）" 模型进行回复，当创作者向DeepSeek提问时，可以观察AI逐步分析并解答问题的过程，有助于增加答案的透明度和可信度。

❹ 新建对话 ⊕：点击该按钮，会新建一个 "新对话" 界面，创作者可以与AI讨论新的话题或让AI重新对上一个话题进行回复。

❺ 联网搜索：点击该按钮，即可开启 "联网搜索" 模式，在此状态下，DeepSeek能够搜索实时信息，快速整合并给出详尽的回答，同时提供信息来源，确保对话的丰富性和准确性。

❻ 上传文件 ＋：点击该按钮，会弹出相应的面板。创作者可以分别点击 "拍照识文字" "图片识文字" "文件" 按钮，要求DeepSeek识别出其中的文字信息。

2.1.3　生成剧本主题构想

剧本主题是故事的灵魂，它决定了整个短剧的基调、价值传递方向与情节发展范围。在短剧剧本创作中，一个明确、有吸引力的主题

扫码看教学视频

能够迅速抓住观众的注意力；而在分镜脚本写作阶段，主题更是决定画面风格与镜头重点的核心依据。

借助DeepSeek，创作者可以通过输入关键词快速激发多样化的主题构想，同时结合不同类型、受众、平台需求，生成具有市场吸引力的创意方向。AI不仅节省了反复思考的时间，还能提供结构清晰、逻辑自洽的主题表达方式，为后续创作奠定坚实的基础。下面介绍使用DeepSeek生成剧本主题构想的操作方法。

步骤01 登录并进入DeepSeek的对话页面，单击输入区中的"深度思考（R1）"按钮，如图2-13所示，即可将其点亮，启用该模型生成回复。

步骤02 用与上面相同的方法，❶点亮"联网搜索"按钮；❷输入提示词；❸单击↑按钮，如图2-14所示。

图2-13　单击"深度思考（R1）"按钮

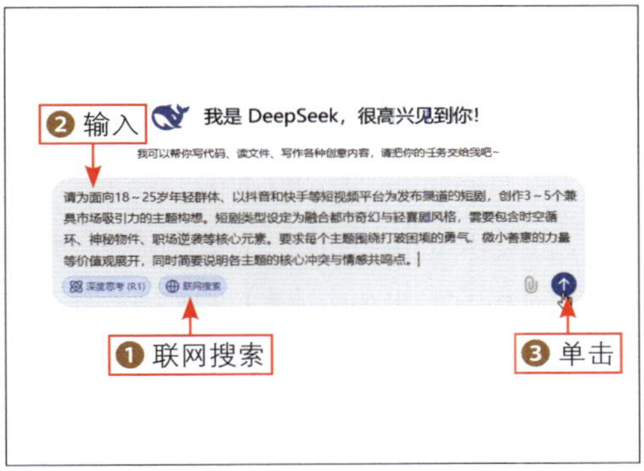

图2-14　单击相应的按钮

☆ 专家提醒 ☆

在使用 DeepSeek 时，如果大家需要使用 DeepSeek 解答逻辑推理问题，就可以在输入区中单击"深度思考（R1）"按钮，将其点亮后再发送提示词，这样就能获得该模型的回答；如果大家需要搜索相关的网页资源，可以单击"联网搜索"按钮，启用该功能，让 AI 根据需求搜索网页。

这两个按钮可以同时被点亮，也可以只点亮一个或者一个都不点亮。不过，点亮"深度思考（R1）"和"联网搜索"按钮后，DeepSeek 的反应速度会变慢，生成回复的时间也就会变长，大家根据自己的需求进行选择即可。

步骤03 执行操作后，即可发送提示词，获得DeepSeek生成的短剧主题，相关回复内容如下。

🐋 DeepSeek

以下是5个符合短视频平台传播特性、兼具都市奇幻与轻喜剧风格的短剧主题策划，每个主题均包含完整的核心冲突设计和情感共鸣锚点。

主题1：循环入职日

核心设定：社恐实习生发现每天都是试用期最后一天，唯有完成神秘工牌上的任务才能打破循环。每次读档重来时，工牌会显示不同同事的隐藏困境（如保洁阿姨的医疗费、程序员的抑郁症）。

核心冲突：在重复的职场修罗场里，主角必须突破心理屏障主动帮助他人，却发现每次善意干预都会导致更荒诞的办公室蝴蝶效应。

情感共鸣：当代青年突破社交茧房的勇气成长，揭示职场冰冷规则下暗涌的人性微光。奇幻设定包裹"社恐变形记"的喜剧外壳，符合Z世代自我救赎的心理投射。

主题2：后悔药快递站

……

☆ 专家提醒 ☆

Z世代是指1995年至2009年出生的一代人，也被称为"网生代""互联网世代""二次元世代"等。

这个提示词通过明确的目标受众、平台定位、短剧类型与核心元素，以及主题构想要求，构建了一个完整且具体的创作指引。它不仅能够帮助创作者快速生成符合市场需求的短剧主题构想，还能够确保这些构想具有高度的吸引力和观赏性，从而更容易在短视频平台上获得成功。

2.1.4 搭建故事结构

故事结构是支撑剧本内容的骨架，决定了情节推进的节奏与观众的情绪起伏。在短剧创作中，结构安排是否合理直接影响观众的代入感与观看完整度；而对分镜脚本来说，结构清晰则有助于合理分配镜头资源与视觉节奏。

扫码看教学视频

通过DeepSeek，创作者可以根据"三幕式""五段式"等常见结构模型快速生成剧情大纲，明确起承转合与关键节点的位置。AI不仅可以按需定制情节的转折密度，还能自动补全逻辑空缺，让创作者以更快的速度搭建完成剧本框架，从而专注于内容细化与视听呈现。使用DeepSeek搭建故事结构的相关案例如下。

提示词

以三幕式结构为框架，创作一个都市爱情短剧大纲。要求AI设定合理的起承转合节点，突出男女主感情从相遇、冲突到和解的转折，每幕增加2~3个关键情节，并自动补全情节间的逻辑过渡，方便后续细化剧本。

DeepSeek

以下是按照三幕式结构创作的都市爱情短剧大纲，包含完整的起承转合与逻辑链条。

剧名：《光影共生》

主题：当理性与浪漫碰撞，建筑与艺术终将找到共生之道

第一幕：相遇与碰撞（起）

核心冲突：建筑精英与艺术策展人的价值观对立

关键情节：

咖啡厅误撞

男主陆沉（32岁）因赶制竞标方案打翻女主林希（28岁）的颜料箱，理性道歉时踩碎对方画具引发争执

视觉符号：陆沉西装沾满颜料，林希用碎玻璃制作光影装置

……

该提示词明确要求以三幕式结构创作都市爱情短剧大纲，设定起承转合节点与感情转折，还规定了每幕关键情节数量及自动补全逻辑过渡，助力创作者快速搭建剧本框架。

2.1.5 塑造人物形象

人物塑造是剧本创作的关键环节之一。一个角色是否鲜明、有张力，往往决定了整部短剧的吸引力与情感深度。在剧本创作中，人物设定不仅要具备独特个性，还需契合剧情发展与主题立意；而在分镜脚本阶段，角色的性格特征、行为动机、视觉风格都会影响镜头语言与画面构图。

扫码看教学视频

使用DeepSeek，创作者可以从角色身份、性格特征、背景经历到行为动机等维度，快速生成生动的人物设定，并可灵活调整人物间的关系冲突与互动逻辑，增强人物的可信度与层次感，提升后续剧本与镜头的表现力。使用DeepSeek塑造人物形象的相关案例如下。

提示词

请为一部轻喜剧短剧创建一个爱管闲事的热心邻居形象。要求：1.年轻时做过居委会主任，养成爱操心的习惯；2.为撮合小区里的单身男女，制造各种啼笑皆非的"偶遇"行为；3.因过度热心引发误会，最后化解矛盾的故事线；4.头戴褪色鸭舌帽，随身携带小笔记本记录"情报"的标志性造型。

🐋 **DeepSeek**

《红线居委会》人物小传：刘春梅

【造型设计】
58岁的刘春梅总戴着印有"文明社区"字样的褪色鸭舌帽，磨毛的袖套上别着3枚不同年代的"先进工作者"徽章。常年斜挎着帆布包，内装裹着橡皮筋的笔记本，封面用红笔写着"大事记"，实际记录着"快递站下午4点人最多"等生活细节。

【核心事件线】
第1幕：春梅姨的"情报网"
晨练时用太极扇指点保洁员扫落叶的方向，顺势偷听年轻白领的通话内容；
在快递驿站佯装扭伤，让程序员阿浩和美术老师小雨共搬重物；
夜巡发现独居女孩忘拔钥匙，留字条提醒反被误会是变态。
第2幕：善意过载的蝴蝶效应
……

这个提示词以"轻喜剧"为类型基调，明确设定了一个"爱管闲事的热心邻居"人物形象。通过职业背景（居委会主任）、行为习惯（撮合邻居）、性格特征（过度热心）及冲突走向（引发误会再化解）构建角色弧线，并结合视觉特征（鸭舌帽、小笔记本）强化其戏剧性与辨识度，适合用于AI生成具有情节推动力和喜剧张力的典型人物。

2.1.6　设计情节冲突

冲突是推动剧情发展的核心动力。在短剧剧本中，无论是人物之间的矛盾、角色与环境的对抗，还是角色内心的挣扎，冲突都能够有效引发观众的情绪共鸣与观看兴趣；而在分镜脚本中，冲突的类型与强度则直接影响镜头节奏与剪辑风格。

扫码看教学视频

借助DeepSeek，创作者可以迅速搭建内外部冲突结构，设定多重冲突点，并探索更具张力的叙事方式。AI不仅能提供逻辑清晰的冲突布局，还能根据设定自动补全前因后果，让短剧在有限的时长内展现更丰富、更有层次的戏剧张力。使用DeepSeek设计情节冲突的相关案例如下。

👤 **提示词**

在一部关于"民宿老板与房客斗智斗勇"的短剧中，生成3组主线与支线冲突，并标注每组冲突的起因、发展与爆发点。

DeepSeek

> 主线冲突1："违规入住者VS（versus，相对照、相对立）规则捍卫者"
> 起因：房客在预订时隐瞒人数，偷偷携带超员朋友入住，并拒绝支付额外的费用；民宿老板通过监控发现异常。
> 发展：老板假装提供"免费升级房间"服务，将超员房客单独引至未装修的阁楼，却在半夜制造诡异声响（如播放风声录音），试图吓退多余的房客；房客识破诡计后，反向利用阁楼布置"闹鬼"场景，吸引网红打卡，导致民宿被推上热搜。
> 爆发点：老板因客流暴增被迫营业，房客以"虚假宣传"威胁索赔，双方在镜头前假笑对峙，暗中用手机打字谈判。
> 支线冲突1："神秘差评师VS完美评分强迫症"
> 起因：民宿连续收到匿名差评（如"床垫下有蚂蚁"），老板怀疑是某位挑剔性房客所为，而真实差评者其实是保洁阿姨的儿子（因母亲被克扣工资）。
> ……

这个提示词围绕"民宿老板与房客斗智斗勇"的主题，要求生成3组具有主线与支线结构的冲突，涵盖起因、发展与爆发点，逻辑完整、结构清晰。它兼顾剧情紧凑度与戏剧张力，适合用于AI生成多层次、高节奏的情节冲突方案。

2.1.7　设置剧情转折亮点

转折是短剧中的爆点元素，也是维持观众注意力与制造情绪反差的关键机制。在剧本创作中，恰到好处的转折能打破平铺直叙的节奏，制造"出人意料又在情理之中"的观感；而在分镜脚本编写阶段，转折对应的是镜头语言的跳变、高能点的聚焦，以及剪辑节奏的突然跃迁。

扫码看教学视频

通过DeepSeek，创作者可以设定转折类型（反转、揭示、误导等）与转折时机，AI将智能输出符合逻辑、具有冲击力的剧情转变。相比手工推敲情节，使用AI能更快地发现潜在的戏剧点，使剧本更加紧凑高能，也方便在视觉呈现中突出节奏变化与情感高潮。使用DeepSeek设置剧情转折亮点的相关案例如下。

提示词

> 请为一部"姐弟恋因身份悬殊受阻"的短剧设计一个结尾反转。要求：1.感情真实；2.反转需在第20集末尾出现；3.内容应在意料之外但合乎情理；4.反转要解决核心冲突，使结局具有情感冲击与传播性。

DeepSeek

《暮色晨光》最终回反转设计

【核心伏笔回收】

前19集埋设：（1）林深总在便利店购买过期面包；（2）苏晚的左手腕有陈旧伤疤；（3）苏晚家中有神秘保险柜从未开启。

【第20集结尾高潮戏】

场景：苏氏集团顶楼空中花园（暴雨夜）

苏晚（眼眶通红攥着辞职信）："林深，我父亲用你的助学贷款威胁，如果我不去联姻，明天就会有20家媒体曝光你母亲……"

林深（扯松领带暴怒捶墙）："所以你要我当逃兵？看我像丧家犬一样离开？这些年我拼命考上注册会计师、熬夜做项目，就为配得上你！"

（闪电划过，苏晚的珍珠耳坠突然断裂，滚落保险柜方向）

……

这个提示词聚焦于"姐弟恋"这一可引发强烈共鸣的题材，通过身份差异制造主冲突，并要求在结尾安排反转。设定清晰、时间点明确，有助于AI聚焦矛盾核心并构思具有逻辑性与情感张力的高能结局，是引导AI打造爆款转折片段的实用范例。

2.1.8　组合多重爽点元素

"爽点"是短剧吸引创作者停留与转发的驱动机制之一，通常表现为情绪爆发、情节突破、价值逆袭等高能片段。在剧本创作中，有意识地叠加情节爽点与情绪爽点，可以增强观众的沉浸感；而在分镜脚本中，爽点决定了镜头调度的节奏密度与重点分配。

扫码看教学视频

借助DeepSeek的内容生成能力，创作者可快速生成多维爽点方案，包括"逆风翻盘""角色扮猪吃虎""极限对抗"等高热桥段，并进行组合优化。AI不仅可以推荐当前流行的爽点类型，还能融合剧情节奏，提供高契合度的剧本建议，让短剧既有内容张力，又具商业吸引力。使用DeepSeek组合多重爽点元素的相关案例如下。

提示词

请为一部"直播打假"题材的短剧设计3个情节爽点与2个情绪爽点。要求：1. 节奏紧凑，适合在8集以内展现；2. 情节爽点需体现出打假过程中的反转、揭露、胜利；3. 情绪爽点需触发观众的愤怒共鸣或正义感动，增强转发与评论意愿。

DeepSeek

以下是为"直播打假"题材短剧设计的核心爽点方案，符合8集内快节奏叙事要求。

【情节爽点设计】

直播翻车反杀局（反转+胜利）

第2集：女主首次揭露网红"养生茶"虚假宣传，却被对方出示伪造的质检报告反咬诽谤。在直播即将被封时，女主突然连线茶厂离职质检员，现场展示茶水重金属超标的暗访视频（镜头切厂区污水横流画面），直播间瞬间涌入10万人，造假方账号当场被封。

供应链卧底惊魂（揭露+反转）

第4集：男主伪装成货车司机潜入造假仓库，偷拍时触发警报。追逐戏中无人机航拍揭晓整个工业园区都是造假产业链（特写假冒大牌包装生产线），逃亡时用直播镜头记录暴徒砸车的过程。证据自动云备份成功那一刻，警笛声由远及近。

终极对质数据战（胜利+升华）

……

这个提示词将"直播打假"与爽点结构精确结合，明确提出数量与节奏要求，有利于AI围绕高能情节与情绪节点进行生成。通过设定双线并进（情节+情绪），提示词有效引导AI产出紧凑、传播力强的爽点组合，特别适用于快节奏短剧剧本与分镜设计的创作场景。

2.1.9 生成多样化对白

对白不仅是推动剧情的工具，更是展现人物性格、传递情绪张力的重要手段。在剧本创作中，风格鲜明、语言精准的对白能增强节奏感，强化人物印象；而在分镜脚本中，对白往往影响镜头时长、字幕表现与声音节奏，是决定视听氛围的重要组成。

扫码看教学视频

通过DeepSeek，创作者可根据不同角色设定与场景氛围，智能生成风格多样、语气贴切的对白，包括激烈对峙、幽默互怼和深情表白等常见场景表达。AI还能帮助创作者匹配对白风格与角色人设，使语言表达更具情绪穿透力与传播潜力，从而提升短剧整体的表现力与观赏度。使用DeepSeek生成多样化对白的相关案例如下。

提示词

请为一个霸道总裁和职场新人在电梯初遇的场景，生成3组风格不同的对白：高冷疏离（表现总裁的距离感与权威气场）、调侃幽默（增加反差感，带轻喜剧氛围）、温柔暖男（打破刻板印象，突出亲和力）。

DeepSeek

> 我为您创作了3组不同风格的电梯初遇场景，以下是符合要求的对白设计。
>
> 一、高冷疏离版
>
> （电梯门即将关闭时，新人慌忙冲入撞到总裁，撞落文件）
>
> 新人：（鞠躬）对不起！我帮您捡……
>
> 总裁：（后退半步整理袖口）你的培训手册没教你电梯礼仪？
>
> （空气凝结，新人僵住）
>
> 总裁：（用钢笔尖轻点楼层键）下次犯错前，先学会判断空间余量。
>
> （电梯抵达28层，总裁跨步而出）
>
> 新人：（捏皱衬衫下摆）是……是的陆总。
>
> ……

这个提示词精准设定了人物关系与场景，限定对白生成的风格范围，便于AI生成对比鲜明、具有传播潜力的语句表达。通过3种风格并列，提示词既可验证角色语言多样化的能力，也方便创作者根据剧本走向快速筛选最适合的语气与台词，提升剧本对白的表现力与灵活度。

2.2 使用 Kimi 生成短剧分镜脚本

在短剧创作中，分镜脚本连接文字与影像，是把剧本语言转化为画面表达的桥梁。Kimi具备强大的语言分析与结构组织能力，不仅能够根据不同类型的剧本内容，生成符合视觉逻辑与节奏规律的分镜脚本，还能进一步协助创作者对已有分镜结构进行调整和优化。

本节不仅包含都市情感、职场逆袭、古风权谋、悬疑反转和科幻未来等类型短剧的分镜脚本生成方法，展示Kimi如何快速输出结构清晰、画面感强的镜头分布；还介绍如何利用Kimi对分镜脚本进行节奏调整与情绪重构，从而使短剧更具节奏张力与情感穿透力，为后期拍摄与剪辑奠定坚实基础。

2.2.1 认识Kimi网页版

Kimi网页版界面简洁，适用于剧本大纲整理与多轮提示词调整。其支持长文本输入与上下文连续对话，特别适合在剧本初稿的基础上拓展出分镜结构。通过连续追问与修改提示词，创作者可以实时调整内容走向与镜头安排逻辑。图2-15所示为Kimi网页版的会话页面。

扫码看教学视频

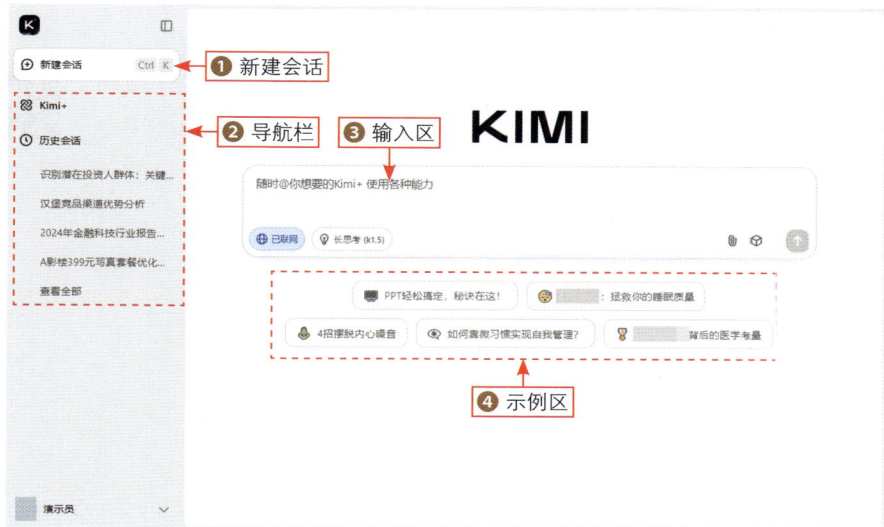

图 2-15　Kimi 网页版的会话页面

下面对Kimi网页版会话页面中的组成部分进行讲解。

❶ 新建会话：单击该按钮，即可创建一个新的会话窗口，让创作者与AI重新开始对话。

❷ 导航栏：在该区域中，单击Kimi+按钮，即可进入"探索Kimi+"页面，查看和使用Kimi提供的智能体；单击任意一个历史会话，即可进入对应的会话页面，查看具体内容；单击"历史会话"下方的"查看全部"按钮，即可进入"历史会话"页面，查看所有会话记录。

❸ 输入区：该区域包含输入框、"联网"按钮、"长思考（K1.5）"按钮、上传文件按钮🔗、常用语按钮🔷和发送按钮🔼这6个部分。其中，创作者可以在输入框中输入提示词，单击发送按钮🔼将其发送；也可以单击"联网"按钮或"长思考（K1.5）"按钮，开启或关闭Kimi的联网状态和模型；还可以通过单击上传文件按钮🔗或常用语按钮🔷，完成文件的上传或常用语的调用。

❹ 示例区：该区域中提供了多种会话示例，便于创作者快速使用Kimi的特定功能。创作者可以通过单击这些示例，快速启动Kimi的特定服务或功能，而无须自己编写详细的提示词。

☆ 专 家 提 醒 ☆

　　Kimi 目前推出了电脑端应用，如果创作者觉得 Kimi 好用，也可以安装其电脑端应用，从而更便捷地使用 Kimi。

2.2.2 认识Kimi手机版

Kimi手机版功能紧凑，适合移动创作场景下进行灵感捕捉与即时生成。此外，Kimi移动端的"多轮追问"能力也能在移动环境中稳定运行，使得创作者即使脱离电脑，也能流畅地完成剧本到分镜的转化。图2-16所示为Kimi手机版的会话界面。

扫码看教学视频

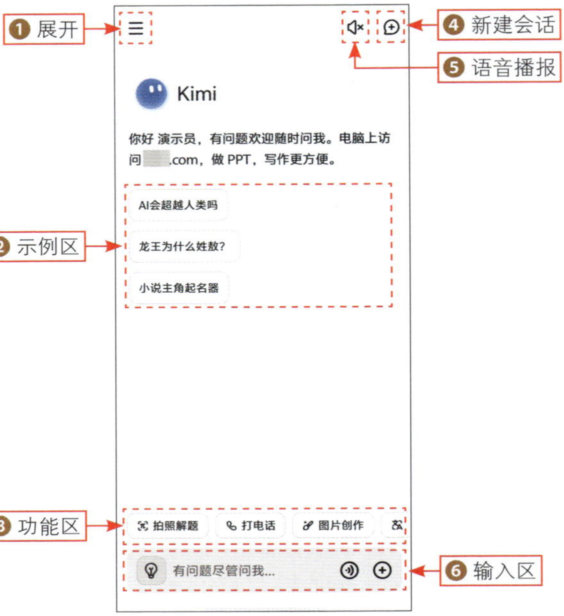

图 2-16 Kimi 手机版的会话界面

下面对Kimi手机版会话界面中的组成部分进行相关讲解。

❶ 展开☰：点击该按钮，界面左侧会弹出侧边栏，其中显示了账号信息、"探索Kimi+"按钮和历史会话。

❷ 示例区：该区域会显示一些热门话题，创作者可以点击感兴趣的话题，体验与Kimi进行对话的过程。

❸ 功能区：该区域会显示一些Kimi的热门功能，如"拍照解题""打电话""图片创作""翻译""写作"等，创作者可以点击相应按钮，体验对应的功能。

❹ 新建会话⊕：点击该按钮，即可创建一个新的会话界面。

❺ 语音播报◁×：开启Kimi的语音播报功能，Kimi可以一边生成回复，一边将回复朗读出来。不过，该功能默认是关闭的状态，如果创作者有需求，要先点击语音播报按钮◁×，将其开启后，再进行对话。

⑥ 输入区：该区域包括输入框、长思考（K1.5）按钮💡、语音输入按钮🔊和上传按钮⊕这4个部分。创作者可以输入提示词，与AI进行对话；也可以点击相应的按钮，使用对应的功能。

2.2.3 生成都市情感短剧的分镜脚本

都市情感短剧往往聚焦于亲密关系、职场情感和婚恋困境等题材，强调人物之间的细腻互动和情绪递进。分镜设计中需兼顾对白密度、眼神特写、空间调度等情感铺垫要素，镜头节奏以"缓中带张"为主。

扫码看教学视频

借助Kimi，创作者可以输入剧情设定、人物关系与核心情绪点，智能生成包含镜头类型、画面情境与对白节奏的分镜草稿。尤其是在处理"误会—冲突—释怀"等经典情节结构时，Kimi能自动分配情绪转折点所需的镜头布局，帮助创作者快速构建富有感染力的情感场面。下面介绍使用Kimi生成都市情感短剧分镜脚本的具体操作方法。

步骤01 登录并进入Kimi的会话页面，在输入区中，❶输入提示词；❷单击发送按钮↑，如图2-17所示。

图 2-17 单击发送按钮

步骤02 执行操作后，即可发送提示词，获得Kimi生成的分镜脚本，相关提示词和回复内容如下。

👤 提示词

请根据以下剧本设定，生成一个适合都市情感题材的分镜脚本，包含每一场的镜头类型、镜头长度建议、画面描述、角色动作与对白节奏，情绪风格以"缓中带张"为主，突出情绪误会与和解过程，重点体现"误会—冲突—理解—释怀"的情绪递进。

剧本标题：《迟来的道歉》

剧情简介：女主林知夏是一位独立创业的花店老板，男主顾言是新搬来的邻居律师。两人初次见面因误会爆发冲突，之后多次在电梯、便利店偶遇，矛盾逐渐升温。某天顾言无意中帮知夏解决一起纠纷，才得知她一直在独自照顾重病父亲。两人关系逐渐缓和，最终在医院走廊完成道歉与释怀。

Ｋ Kimi

《迟来的道歉》分镜脚本

场景1：初次见面的冲突——林知夏的花店门口

镜头类型：中景

镜头长度：20秒

画面描述：林知夏抱着一束鲜花从花店出来，准备送给客户。顾言从对门走出来，手里拿着文件夹，两人在门口撞了个满怀。鲜花散落一地，文件也散开。

角色动作与对白节奏：

林知夏（惊讶）："哎呀，对不起，我太不小心了！"

顾言（不耐烦）："你这人怎么走路的？眼睛长哪里了？"

……

步骤 03 在同一个会话页面中，继续输入并发送提示词，即可获得表格形式的分镜脚本，相关提示词和回复内容如下。

👤 提示词

请将上述分镜脚本改成表格的形式。

Ｋ Kimi

表2-1所示为改写成表格的《迟来的道歉》分镜脚本。

表2-1 《迟来的道歉》分镜脚本

场景	镜头类型	镜头长度	画面描述	角色动作与对白节奏	情绪风格
场景1	中景	20秒	林知夏抱着鲜花从花店出来，顾言从对门走出，两人撞在一起，鲜花和文件散落	林知夏（惊讶）："哎呀，对不起，我太不小心了！" 顾言（不耐烦）："你这人怎么走路的？眼睛长哪里了？" 林知夏（生气）："我道歉了，你态度能不能好点？" 顾言（冷哼）："哼，真是倒霉透顶。"	冲突激烈，情绪紧张
……	……	……	……	……	……

这个提示词提供了明确的剧情背景与情绪节奏要求，适合Kimi生成层次丰富的都市情感分镜脚本。它细化了"误会—冲突—理解—释怀"的情绪轨迹，并要

求输出镜头类型、长度、画面描述与对白节奏，有助于AI把握"缓中带张"的都市情绪氛围，构建出既细腻又具张力的情感分镜，增强短剧的代入感与共鸣力。

☆ 专家提醒 ☆

文字形式的分镜脚本具有更强的叙述性和灵活性，能够详细地描述画面、角色动作和情绪，适合复杂情节和创意的构思阶段，便于编剧和导演深入探讨故事细节。表格形式的分镜脚本则更加直观、清晰，通过结构化的布局，快速呈现镜头的关键信息，便于在拍摄现场快速执行并与团队协作，尤其适合实际拍摄阶段的指导和参考。

2.2.4　生成职场逆袭短剧的分镜脚本

职场逆袭短剧以成长、抗争与胜利为主线，强调剧情的爽感与逻辑的合理性。分镜脚本中需突出关键节点：受压时的细节刻画、转机时的节奏提速与高潮段落的情绪爆发，整体风格节奏感强、视觉冲击明显。

扫码看教学视频

通过Kimi，创作者可以围绕角色人设、冲突背景与逆转路径，快速生成一条主线清晰、副线配合的镜头结构。AI不仅能合理地安排职场空间的使用，如办公室、会议室和茶水间等，还能生成音效、字幕与情绪曲线建议，提升整体视听感染力与爽感浓度。下面介绍使用Kimi生成职场逆袭短剧分镜脚本的具体操作方法。

步骤01 在Kimi的输入区中，单击上传文件按钮🔗，如图2-18所示。

步骤02 弹出"打开"对话框，❶选择相应的文件；❷单击"打开"按钮，如图2-19所示，即可将其上传，并返回输入区。

图 2-18　单击上传文件按钮

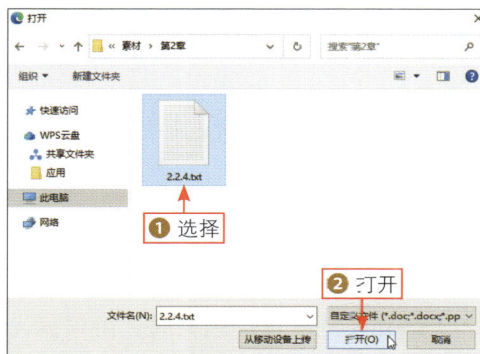

图 2-19　单击"打开"按钮

步骤03 输入并发送提示词和文件，即可获得Kimi根据剧本设定生成的分镜脚本，相关提示词和回复内容如下。

提示词

> 请根据提供的剧本内容，以表格的形式，生成一份适合8集以内表现的职场逆袭题材短剧分镜脚本，结构应包含每集的场次划分、关键镜头类型（如特写、推镜、慢镜头等）、场景情绪、对白、节奏变化，以及字幕和音效建议，节奏建议以"压抑—试探—发力—胜利"为线索，体现女主逆袭过程的层层推进。
>
> （文件略）

Kimi

表2-2所示为适合8集以内表现的职场逆袭题材短剧分镜脚本。

表2-2 职场逆袭题材短剧分镜脚本

集数	场次	关键镜头类型	场景情绪	对　　白	节奏变化	字幕建议	音效建议
第1集	场景1	推镜头、全景	压抑	Luna："苏然，这个季度的客户数据分析报告，今天下班前必须交给我。还有，之前让你做的竞品分析，一点创意都没有，重做！"苏然："好的，Luna姐，我马上改。"	逐渐紧张	字幕："职场，不是只有努力就能成功。"	轻微的键盘敲击声、Luna的高跟鞋声
……	……	……	……	……	……	……	……

这个提示词结构清晰、要素完备，不仅明确了主题与风格（成长、抗争、爽感），还细化了剧集结构要求（每集场次、镜头类型、对白等），并通过"压抑—试探—发力—胜利"的节奏线索，引导AI生成层层推进的剧情节奏，有助于打造逻辑清晰、情绪饱满、镜头节奏精准的逆袭类短剧。

2.2.5 生成古风权谋短剧的分镜脚本

古风权谋短剧以宫廷斗争、权力角逐为核心，镜头语言偏向压抑、含蓄、象征性强，注重氛围营造与节奏蓄力。分镜中需体现场景调度的对称性、眼神博弈的多层次描写及背景陈设的历史感。

扫码看教学视频

Kimi在处理这类题材时，可根据设定生成仪式感强的画面描述，并搭配古风语言节奏感进行分镜结构输出。创作者输入核心冲突或关键对峙场景后，Kimi能推演"前朝铺垫—谋局酝酿—反击揭晓"的多重镜头段落，助力短剧实现沉浸感与历史张力的统一。使用Kimi生成古风权谋短剧分镜脚本的相关案例如下。

👤 **提示词**

请根据以下剧情片段，生成一份适用于古风权谋题材的分镜脚本，内容包括：场次编号、镜头类型（如低角度、横移、推镜、特写等）、镜头长度建议、画面描述、角色动作、台词节奏、情绪氛围，以及配乐与音效建议。

……

☆ **专 家 提 醒** ☆

限于篇幅原因，书中对比较长的提示词进行了省略，创作者可以在提示词文档中查看完整内容。

🅺 **Kimi**

《夜宴设局》分镜脚本

场次编号：1

镜头类型：全景

镜头长度建议：10秒

画面描述：

夜幕低垂，华灯初上，朱红色的宫门缓缓打开，摄政王府邸的庭院被灯光照亮，一片金碧辉煌。远处传来隐隐的丝竹之声，似有若无地飘荡在空气中。

角色动作：

无

台词节奏：

无

……

这个提示词逻辑清晰，信息丰富，围绕"古风权谋"主题，从结构节奏（三段式推进）、镜头语言（对称构图、低角度、象征物）到情绪氛围（压抑、仪式感）进行了详尽设定。特别强调视觉符号与心理博弈，有利于引导Kimi生成具有层次感、张力强的高质量分镜脚本，适合用于短剧创作实操展示。

2.2.6 生成悬疑反转短剧的分镜脚本

悬疑反转短剧以制造信息差和节奏翻转为核心，强调视觉线索与情节错位的融合。分镜脚本中常用特写、闪回和视角偏移等手法，引导观众建立"错误认知"，最终在关键节点进行反转揭示。

扫码看教学视频

Kimi擅长识别"悬念生成+反转落点"的结构设计，能根据故事设定生成分段式镜头脚本，包括误导信息的安排、疑点递进的节奏控制与最终真相揭晓的强对比画面。使用Kimi可让创作者更高效地组织谜团结构，提升戏剧性地呈现反转的质量。使用Kimi生成悬疑反转短剧分镜脚本的相关案例如下。

👤 提示词

请根据"出租屋深夜响起不明敲门声"这个场景，生成含"渐进恐惧—视觉偏移—突发安静—真相反转"的悬疑反转短剧分镜脚本，标注每组镜头的情绪目标与观众感知误导点。

Ⓚ Kimi

《深夜敲门》分镜脚本
场景设定
时间：深夜，凌晨1点左右。
地点：一间普通的出租屋，室内昏暗，只有客厅的台灯亮着。
人物：女主角（小林），一个独自居住的年轻女性。
分镜脚本
镜头1：渐进恐惧
画面：中景，女主角小林坐在沙发上，手里拿着手机，正在看剧。突然，画面微微晃动，门的方向传来轻微的"咚咚"声。
声音：轻微的敲门声，夹杂着风声。
情绪目标：营造出一种平静被打破的不安感，让观众开始紧张。
观众感知误导点：观众会以为是小林的室友或者朋友回来了，但深夜的敲门声又让人觉得不太寻常。
……

这个提示词聚焦悬疑反转结构设计，明确提出4个阶段节奏推进，并要求Kimi生成镜头脚本时突出情绪目标与误导信息。它强调镜头语言对观众心理的引导与欺骗，有助于构建典型的"误导—反转"叙事模型，适用于结构紧凑的悬疑短剧创作。

2.2.7　生成科幻未来短剧的分镜脚本

科幻未来短剧注重世界观构建与科技想象的视觉化表达，常涉及超现实设定、非线性时空或智能交互场景。分镜脚本需要在视觉语言中突出奇观构图、科技细节与剧情驱动的平衡。

扫码看教学视频

通过Kimi输入角色设定、科技设定与时间节点，AI可快速推演出符合未来感的镜头组合，如虚拟交互、平视显示（Head Up Display，HUD）视角和环境切换等特写镜头，并建议光效与镜头运动方式。Kimi还能为叙事节奏提供合理分段建议，使短剧在有限的时长内展现最大的想象力与视觉张力。使用Kimi生成科幻未来短剧分镜脚本的相关案例如下。

👤 **提示词**

请构建一段发生在"智能城市地下避难舱"的对话场景，要求：镜头设计突出科技孤岛氛围、角色与设备交互动作、低饱和光影，节奏由静态观察到突发警报。

Ⓚ **Kimi**

智能城市地下避难舱

镜头设计

全景：镜头缓缓扫过地下避难舱内部，在昏暗的灯光下，金属墙壁和设备反射出微弱的冷光，整个空间显得空旷而寂静，仿佛一座科技孤岛。低饱和的光影让整个画面笼罩在一种压抑的氛围中。

中景：镜头聚焦在中央控制台，屏幕上显示着各种数据和监控画面，但大部分区域处于待机状态，只有少数指示灯闪烁着微弱的光芒。

特写：镜头切换到控制台上的触摸屏，显示着"系统正常"字样，但屏幕边缘有细小的裂缝，暗示着设备的脆弱性。

角色

艾丽：避难舱管理员，穿着带有反光条的制服，面容疲惫但眼神坚定。

......

这个提示词构思清晰，具备鲜明的视觉与叙事目标，场景设定具有科幻特征，能够有效激发AI对画面节奏与氛围的精细化呈现。

2.2.8 调整分镜脚本的镜头节奏

镜头节奏决定了短剧的观感密度与情绪流速，过快易显仓促，过慢则易失焦点。理想的节奏应服务于内容主题，同时匹配剧情结构与观众心理节奏。

扫码看教学视频

借助Kimi，创作者可以对已有的分镜脚本进行节奏微调，例如调整镜头时长、增删过渡镜头和重排组接顺序等，从而实现"紧—缓—爆"的节奏控制。这样的二次调整，不仅有助于突出剧情高潮与转折点，也能让整部短剧在节奏层面更具层次感与吸引力。下面介绍使用Kimi调整分镜脚本镜头节奏的具体操作方法。

步骤01 在Kimi的输入区中，❶上传相应的文件；❷输入提示词；❸单击发送按钮⬆，如图2-20所示。

步骤 02 执行操作后，即可发送提示词和文件，获得Kimi调整后的分镜脚本，相关回复内容如下。

图 2-20　单击发送按钮

Kimi

表2-3所示为按照"慢—快—快—慢"的节奏变化调整的镜头结构，同时保持镜头切换的逻辑流畅。

表2-3　调整后的镜头结构

场次	镜头类型	镜头长度	画面描述	角色动作	音效与节奏
2	跟拍	12秒	主角急匆匆穿过街道，不时查看手机	快步前行，低头，步伐逐渐加快	背景节奏舒缓，脚步声清晰，逐渐加快
3	平拍	6秒	突然有人挡住去路，两人短暂对视	主角侧身避开，迅速继续前进	无对白，脚步声急促，节奏加快
4	推镜	6秒	他走进小巷，镜头快速推进，空间狭窄	警觉地环顾四周，步伐加快	音乐骤然加重，节奏急促
5	特写	10秒	手机响起，他停下脚步，脸色微变	停顿，眼神变化，深吸一口气	手机铃声突兀，节奏回落，音乐渐缓
......					

这个提示词围绕镜头节奏的调整展开，提出具体节奏节拍（慢—快—快—慢）的优化目标。它兼顾结构逻辑与情绪渲染，指令清晰，便于AI在保留原有内容基础上进行有目的的节奏重构，提升叙事节奏感与观众代入感。

2.2.9　调整分镜脚本的情绪氛围

短剧画面除了要讲清楚故事，更要传递情绪。很多时候，分镜脚本在结构上合理，但在情绪氛围上却显得单一、表达不够精准。

扫码看教学视频

通过Kimi，创作者可以对已有脚本中的情绪层次进行微调，比如加强压迫感、柔化情感、营造悬念等。Kimi可根据设定自动匹配更合适的镜头距离、光线建议与声音设计，从而帮助创作者细化画面氛围，增强观众的代入感与情绪共鸣。下面介绍使用Kimi调整分镜脚本情感氛围的具体操作方法。

步骤01 在Kimi的输入区中，❶上传相应的文件；❷输入提示词；❸单击发送按钮↑，如图2-21所示。

图 2-21　单击发送按钮

步骤02 执行操作后，即可发送提示词和文件，获得Kimi调整后的分镜脚本，相关回复内容如下。

Kimi

表2-4所示为经过微调的短剧分镜片段，通过对构图、光影和声音细节的调整，增强画面的细腻忧郁感。

表2-4　经过微调的短剧分镜片段

场次	镜头类型	镜头长度建议	画面描述	角色动作	情绪表达	光影处理	声音细节
1	俯拍	7秒	在房间的杂物堆中，一只破旧的纸盒被灰尘覆盖，周围散落着一些旧物件，显得杂乱而陈旧	女孩蹲下，轻轻拂去纸盒上的灰尘，动作缓慢而小心	平静中透出一丝怀旧	光线昏暗，房间内只有微弱的自然光，营造出一种沉寂的氛围	背景音乐为低沉的钢琴音，偶尔传来窗外的风声和远处的鸟鸣，声音轻柔而悠远
2	特写	8秒	手轻抚信封，封面略有褶皱，信封上的字迹已经模糊不清，仿佛岁月的痕迹	指尖微颤，女孩的眼神在信封上停留片刻，随后轻轻叹了一口气	情绪开始波动，但未完全表露	光线从信封的一侧斜射过来，形成明暗对比，突出信封的质感和褶皱	风声渐强，偶尔传来纸张被微风吹动的沙沙声，营造出一种静谧而略带忧伤的氛围
……	……	……	……	……	……	……	……

这个提示词聚焦于短剧分镜的"情绪氛围"调整，要求在已有画面和结构的基础上，强化特定情绪（如温暖、压抑等）的表现力。通过细节描写、光影处理、音效选择等手段调整氛围，引导Kimi围绕同一情节进行风格再塑造，实现情绪导向与视觉调性的统一，增强戏剧感染力。

本章小结

本章首先介绍了使用DeepSeek完善短剧剧本的方法，包括登录与认识网页版、安装手机版，以及生成剧本主题构想、搭建故事结构、塑造人物形象、设计情节冲突、设置剧情转折亮点、组合多重爽点元素和生成多样化对白等内容。然后介绍了如何使用Kimi生成短剧分镜脚本，涵盖认识网页版与手机版、生成不同类型短剧的分镜脚本，以及调整镜头节奏与情绪氛围等方面的内容。

课后实训

鉴于本章知识的重要性，为了帮助读者更好地掌握所学知识，本节将通过课后实训，帮助读者进行简单的知识回顾和补充。

扫码看教学视频

【实训任务】请使用DeepSeek生成一段采用复合型冲突结构的剧本，相关提示词和回复内容如下。

提示词

围绕"女主被迫与前任成为竞标对手"展开短剧剧本的情节冲突设计，生成包含情感纠葛（旧情未了）、利益对抗（项目竞争）和第三方干扰（同事挑拨）的复合型冲突结构，突出张力对撞与角色心理变化，并补全背景与冲突演化路径。

DeepSeek

《双生蓝图》复合型冲突结构设计
【背景设定】
林希（女主）：29岁，锐意建筑事务所主创设计师，三年前因发现未婚夫顾明远窃取自己设计方案而取消婚约，现为挽救濒临破产的事务所接手旧城改造项目。
顾明远：32岁，云筑集团首席建筑师，曾盗用林希创意获得行业新锐奖，现晋升为合伙人，急需赢得旧城改造标案。
关键干扰者：陈薇，锐意事务所副总监，暗中向竞争对手出售情报的叛徒，暗恋顾明远多年。

【核心冲突三维度】

情感维度：未寄出的悔过信vs职场性骚扰诬陷

利益维度：传统建筑活化方案vs智能社区改造方案

干扰维度：标书泄密事件与监控视频伪造

【冲突演化路径】

……

第 3 章　分镜画面雕琢：豆包、OneStory
绘就视觉初稿

分镜不仅是剧本的视觉延伸，更是营造故事节奏与情绪的工具。本章将借助豆包与OneStory，逐步完成从单个场景到整组分镜画面的视觉构建。通过对图像的细节雕琢，让抽象的文字具体成像，为短剧制作打下生动鲜明的美术基础。

3.1　使用豆包生成多场景分镜画面

在短剧制作中，场景分镜画面不仅可以用来交代空间环境，更在无声中传达出了情绪与氛围。通过豆包，创作者可以快速生成多样化的视觉场景，为角色行动与剧情发展提供扎实的空间基础。本节先介绍豆包网页版和手机版的页面/界面组成，再围绕不同类型的场景图，演示如何借助豆包高效绘制具象的分镜画面。

3.1.1　认识豆包网页版

豆包是一款集文本生成、图像创作和音乐生成等功能于一体的智能AI工具，支持多种创作形式的高效输出。在分镜制作环节中，豆包网页版因操作便捷、输入自由度高而被广泛应用于场景图的生成。对于需要快速搭建视觉画面的创作者，豆包网页版提供了稳定高效的画面草图初稿输出能力，是从构思到视觉化的重要桥梁。图3-1所示为豆包网页版的"图像生成"页面。

扫码看教学视频

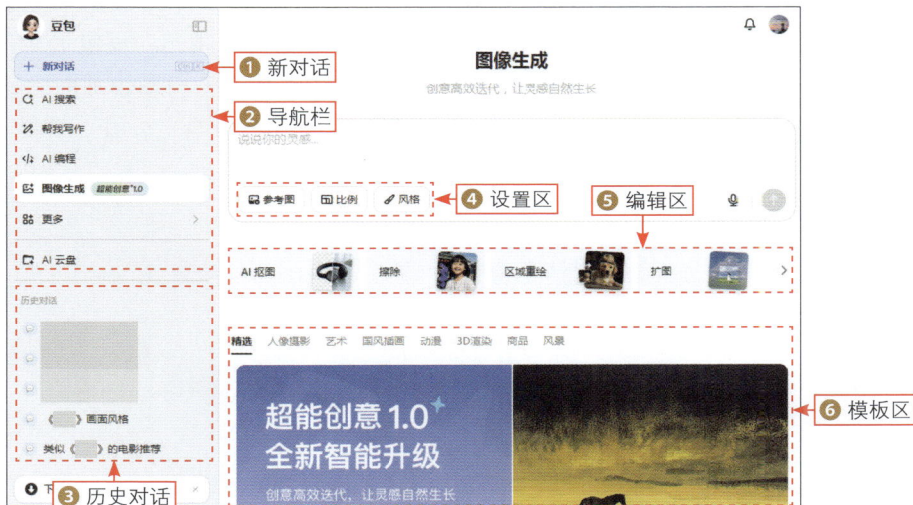

图 3-1　豆包网页版的"图像生成"页面

下面对豆包网页版"图像生成"页面中的组成部分进行讲解。

❶ 新对话：单击该按钮，即可创建一个新的对话窗口。

❷ 导航栏：在该区域中，创作者可以单击相应按钮，进入对应的页面，体验豆包的不同功能。例如，单击"图像生成"按钮，即可进入"图像生成"页面。

❸ 历史对话：该区域会显示创作者过往的对话记录，创作者可以随时查看

和管理这些对话。

❹ 设置区：创作者在输入框中输入提示词后，可以单击设置区的按钮，对图像的参考图、比例和风格进行设置，以便生成的场景图更能满足创作者的需求。

❺ 编辑区：豆包除了提供强大的图像生成功能，还提供了丰富的图像编辑功能，创作者可以单击编辑区的按钮，对已有图像进行调整。

❻ 模板区：该区域中会随机显示不同类型的图像模板，创作者单击对应模板上的"做同款"按钮，即可自动填入模板的提示词和参数，单击"发送"按钮↑即可生成同款图像。

☆ 专家提醒 ☆

豆包电脑版同样具备图像生成功能，并且页面和功能与网页版的非常相似，因此创作者可以先在网页版试用，如果觉得不错，再考虑安装豆包电脑版。

3.1.2　认识豆包手机版

相比网页版，豆包手机版更适合碎片时间的灵感捕捉与移动场景下的分镜创作。创作者可以通过简洁的界面快速输入提示词，生成适用于短剧分镜的多样场景图。无论是室内环境还是自然风光，豆包手机版在画面风格、光影氛围等方面也具备较强的表现力，为场景画面的移动端创作提供了极大的便利。图3-2所示为豆包手机版的"AI生图"界面。

扫码看教学视频

图3-2　豆包手机版的"AI生图"界面

下面对豆包手机版"AI生图"界面的组成部分进行讲解。

❶ 添加参考图：点击该区域，即可进入"所有照片"界面，创作者可以选择相册中的图片作为参考图进行上传。

❷ 风格区：在该区域中，创作者可以根据需要选择对应的图像风格，从而让AI生成的图像更适配分镜需求。

❸ 比例：点击该按钮，即可在弹出的列表框中，选择需要的图像比例，如9∶16、2∶3、1∶1和16∶9等。

❹ 编辑区：创作者可以点击该区域中的按钮，对手机中的图像进行编辑。

❺ 输入区：在该区域中，创作者可以输入文字提示词，也可以通过语音输入的形式，告知AI自己需要的图像内容。

3.1.3　生成家庭客厅场景图片

家庭客厅作为最常见的居家场景，是短剧中构建人物关系、营造生活真实感的关键空间。它不仅承载着亲情互动、日常冲突、情绪爆发等高频剧情，也是角色心理变化外化的视觉背景。

扫码看教学视频

【效果展示】在分镜设计中，一个合理布局、光线柔和的客厅画面，往往可以迅速传达"家"的氛围感。借助豆包，创作者可以快速生成特定风格与写实质感的客厅场景，直观地呈现空间结构与光影层次，提前锁定场景主调，使剧情环境更具代入感和表现力。使用豆包生成的家庭客厅场景图片如图3-3所示。

下面介绍使用豆包生成家庭客厅场景图片的操作方法。

步骤01 登录并进入豆包的对话页面，单击输入框下方的"图像生成"按钮，如图3-4所示，即可启用该功能。

步骤02 在"图像生成"输入框中，❶输入提示词；❷单击"比例"按钮，如图3-5所示。

图 3-3　效果展示

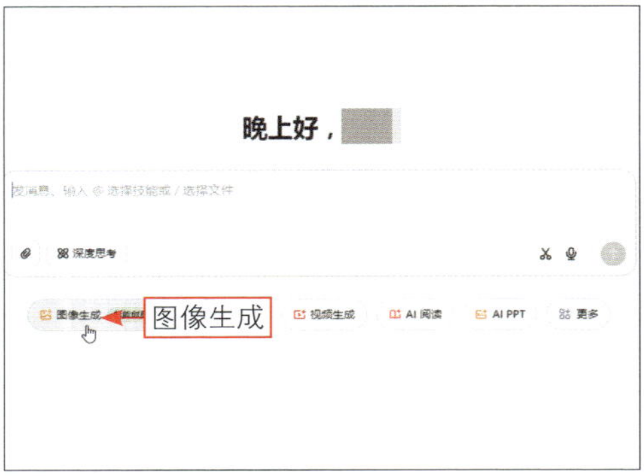

图 3-4　单击"图像生成"按钮

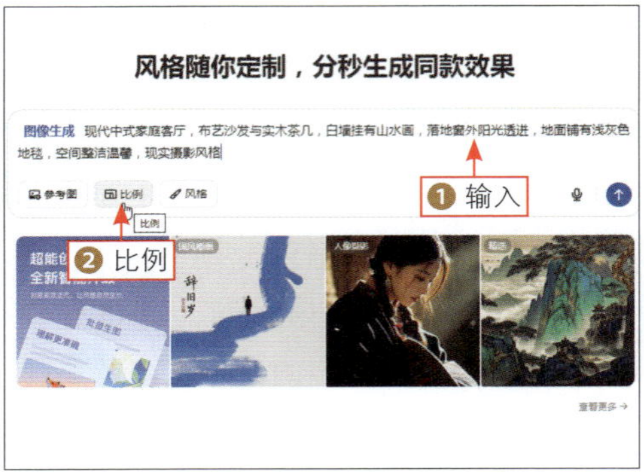

图 3-5　单击"比例"按钮

☆ 专家提醒 ☆

在豆包中，输入框下方的功能按钮会根据使用频率而改变位置，使用频率越高的按钮越会排在前面。因此，如果创作者在输入框下方没有看到"图像生成"按钮，可以单击"更多"按钮，让所有功能按钮显示出来，再单击需要的按钮，启用对应的功能。

步骤 03　在弹出的"比例"列表框中，选择"2∶3社交媒体，自拍"选项，如图3-6所示，即可在提示词的后面添加比例参数，让豆包生成2∶3的场景图片。

步骤 04　单击输入框右下角的"发送"按钮 ⬆，即可发送提示词，让豆包生成4张家庭客厅场景图片，选择第1张图片，如图3-7所示。

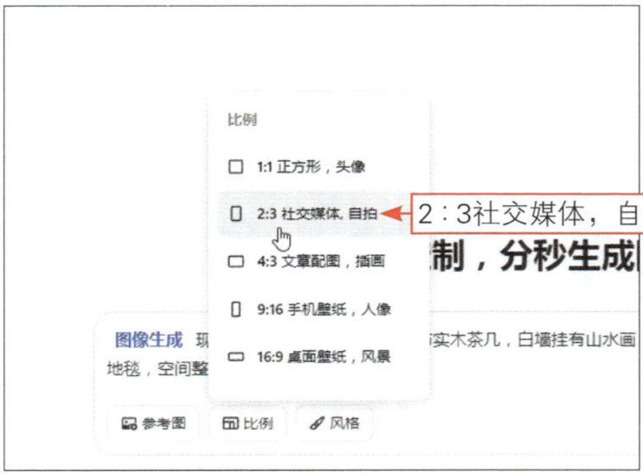

图 3-6　选择"2∶3社交媒体，自拍"选项

图 3-7　选择第 1 张图片

步骤 05　执行操作后，即可将第1张图片放大，并单独显示在页面右侧。如果创作者对图片感到满意，可以单击页面右上角的"下载原图"按钮，如图3-8所示，将第1张图片下载到本地文件夹中。

图 3-8 单击"下载原图"按钮

3.1.4 生成公司办公室场景图片

公司办公室是都市、职场、悬疑类短剧中不可或缺的重要场景，它不仅传达了角色的社会身份，也承载了许多高密度信息交锋的戏剧段落。在分镜设计中，办公室往往用于展现会议、交谈、秘密对峙等桥段，强调空间的秩序性与氛围感。

扫码看教学视频

【效果展示】由于办公室的结构通常复杂、细节较多，创作者在构建场景画面时，对空间格局与光影布局的把控尤为重要。借助豆包生成办公类场景图像，有助于快速捕捉空间构造与光线风格，便于剧本落地、镜头调度的预先构思，从而提升分镜图的视觉清晰度与叙事效率。使用豆包生成的公司办公室场景图片如图3-9所示。

图 3-9 效果展示

下面介绍使用豆包生成公司办公室场景图片的操作方法。

步骤01 在豆包的对话页面中，❶输入提示词；❷单击"发送"按钮↑，如图3-10所示，即可发送提示词，让AI生成对应的4张图片。

步骤02 单击第1张图片上的"下载"按钮，如图3-11所示，即可将第1张图片下载到本地文件夹中。

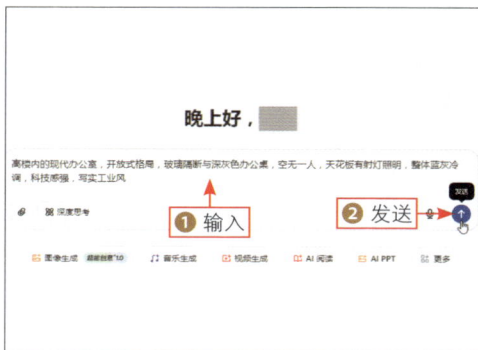

图 3-10　单击"发送"按钮

图 3-11　单击"下载"按钮

☆ 专家提醒 ☆

在豆包中，创作者可以不进入"图像生成"页面或者启用"图像生成"功能，而是直接在输入框中输入并发送提示词，让AI完成图片的生成。不过，这种方法有两个需要注意的地方。首先，创作者输入的提示词要明确，以便AI能精准识别需求从而进行生图。

另外，豆包有其默认的图片生成比例（一般为1：1或16：9），如果创作者在提示词中没有写明需要的尺寸，将会生成默认比例的图片效果。因此，如果创作者对图片比例有具体要求，需要在提示词中写清楚。

3.1.5　生成卧室晨光场景图片

在短剧的镜头语言中，卧室常常是情感展露与内心独白的重要场域。清晨的时光更赋予这一空间温柔且富有情绪张力的氛围，使其更适合表现角色的日常生活、内心波动或情节的起始节点。尤其是在爱情、治愈、成长等题材中，卧室晨光所营造出的安静与真实感，能够有效地增强观众的代入体验。

扫码看教学视频

【效果展示】借助豆包生成图像，能够快速形成对卧室空间与光感氛围的可视化预演，为后续画面拍摄与情绪渲染提供基础构图与灵感依据。这不仅节省了搭景与美术沟通的成本，也让镜头叙事更具方向感。使用豆包生成的卧室晨光场景图片如图3-12所示。

图 3-12　效果展示

下面介绍使用豆包生成卧室晨光场景图片的操作方法。

步骤 01 在豆包的导航栏中，单击"图像生成"按钮，如图3-13所示，进入"图像生成"页面。

步骤 02 在输入框中，❶输入提示词；❷单击"比例"按钮，如图3-14所示。

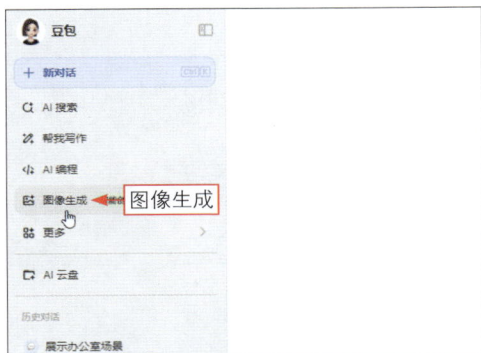

图 3-13　单击"图像生成"按钮

图 3-14　单击"比例"按钮

步骤 03 在弹出的"比例"列表框中，选择"16∶9桌面壁纸，风景"选项，如图3-15所示，即可在提示词的后面添加比例参数，让豆包生成16∶9的场景图片。

步骤 04 单击输入框右下角的"发送"按钮➊，即可发送提示词，让豆包生成4张图片，单击第3张图片上的"下载"按钮，如图3-16所示，即可将其下载到本地文件夹中。

图 3-15　选择"16：9 桌面壁纸，风景"选项

图 3-16　单击"下载"按钮

3.1.6　生成乡村自然场景图片

乡村的自然场景为短剧增添了生活质感与地域文化，常出现在家庭伦理、成长回忆、治愈旅程等题材中。相较于城市环境，乡村画面更依赖自然光影与环境层次的真实还原，强调人与自然的关系，以及生活氛围的松弛感。在分镜设计中，这类场景往往承担着"情境铺垫"与"情绪缓冲"的功能，需要创作者在构图上兼顾空间感与意境表达。

【效果展示】豆包在生成乡村题材的图像时，能提供多样化的自然纹理与光影层次，帮助创作者快速完成视觉构图的第一轮打磨。这不仅提升了前期筹备的效率，也为后期镜头设计提供了真实可参考的视觉基础。使用豆包生成的乡村自然场景图片如图3-17所示。

下面介绍使用豆包生成乡村自然场景图片的操作方法。

步骤01 在输入框的下方，单击"图像生成"按钮，如图3-18所示，启用该功能。

步骤02 在"图像生成"输入框中，❶输入提示词；❷单击"比例"按钮，如图3-19所示。

步骤03 在弹出的"比例"列表框中，选择"9：16手机壁纸，人像"选项，如图3-20所示，即可在提示词的后面添加比例参数，让豆包生成9：16的场景图片。

扫码看教学视频

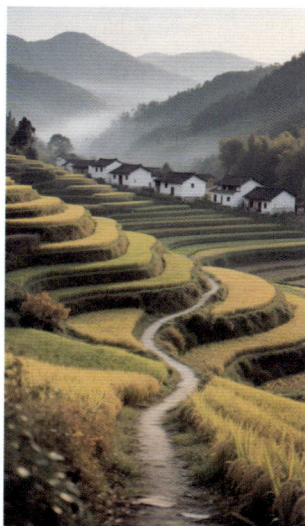

图 3-17　效果展示

图 3-18　单击"图像生成"按钮

图 3-19　单击"比例"按钮

步骤04 单击输入框右下角的"发送"按钮↑，即可发送提示词，让豆包生成4张图片。如果创作者对4张图片都不喜欢，可以单击图片左下角的"重新生成"按钮↻，如图3-21所示。

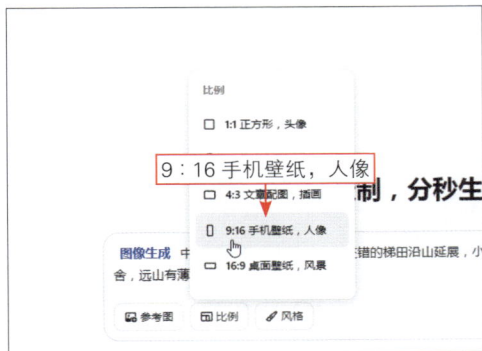

图 3-20　选择"9：16 手机壁纸，人像"选项

图 3-21　单击"重新生成"按钮

步骤05 执行操作后，即可重新生成4张场景图片，单击第1张图片上的"下载原图"按钮⬇，如图3-22所示，即可将其下载到本地文件夹中。

图 3-22　单击"下载原图"按钮

3.1.7　生成仙侠类场景图片

仙侠题材一直是短剧创作中的热门类型，其独特的美学风格与宏大的幻想设定，使得场景设计成为塑造剧集氛围的关键一环。不同于现实题材，仙侠场景常需要表现出超脱尘世的空灵感与气势感，诸如云海缭绕的山峰、缥缈高远的建筑、悬空的桥梁等元素，都是世界观的重要组成部分。

在构思分镜画面阶段，这类画面的作用不仅是呈现背景环境，更是在视觉上确立剧集的基调，传达人物所处时空的规则与情绪张力。尤其是在无对白或节奏缓慢的段落中，唯美而奇幻的场景往往能承担"代叙事"的功能，为情节发展铺垫情绪。

【效果展示】通过豆包生成这类仙侠场景图，创作者可在初期迅速获取具有奇幻特征和国风质感的视觉草图。虽然无法完全替代后期的专业美术设计，但豆包提供的场景草图，已能为构图、色调和氛围营造等方面提供明确参考，大幅缩短构思与试错时间。使用豆包生成的仙侠类场景图片如图3-23所示。

图 3-23　效果展示

下面介绍使用豆包生成仙侠类场景图片的操作方法。

步骤 01　在"图像生成"页面中，❶ 单击"比例"按钮；在弹出的"比例"列表框中，❷ 选择"1：1正方形，头像"选项，如图3-24所示，即可在输入框中添加比例参数，让豆包生成对应比例的场景图片。

步骤 02　输入并发送提示词，即可让豆包生成4张图片，选择第1张图片，如图3-25所示。

图 3-24　选择"1∶1 正方形，头像"选项

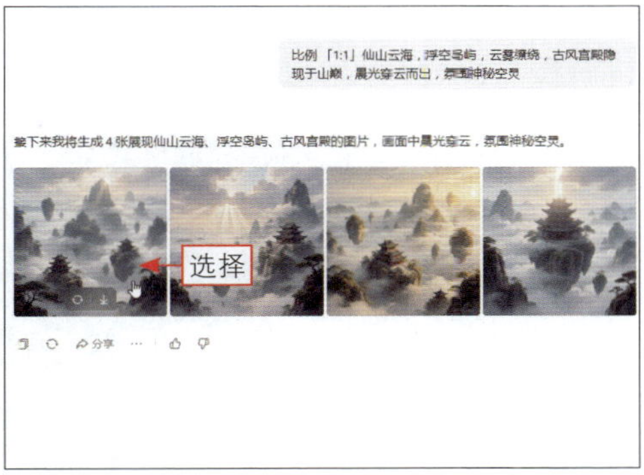

图 3-25　选择第 1 张图片

步骤 03 执行操作后，即可将第1张图片放大，并单独显示在页面右侧，单击页面右上方的"下载原图"按钮，如图3-26所示，即可将其下载到本地文件夹中。用同样的方法，放大查看第3张图片，并将其下载。

图 3-26　单击"下载原图"按钮

3.2　使用 OneStory 生成完整分镜图片

在短剧创作中，分镜不仅是画面构思的载体，更是节奏与情绪的引导者。借助AI，创作者不仅可以生成单张场景图片，也可以完成贯穿整段剧情的完整分镜画面。OneStory提供了从脚本内容、角色形象到镜头排布的全流程辅助功能，帮助创作者将故事转化为可视的镜头画面。

本节将以《小兔子的一天》为例，先介绍OneStory的页面组成，再逐步展开讲解操作流程与实战方法，部分效果如图3-27所示。

图 3-27　部分效果展示

3.2.1　认识OneStory

作为一款专注于AI视觉叙事的创作平台，OneStory不仅支持图文结合的故事构建，更以流程化的方式引导分镜的生成。它集成了剧本输入、场景配置、角色设定与图像生成等功能模块，为创作者提供了从文本到镜头的完整路径。图3-28所示为OneStory的"工作台"页面。

扫码看教学视频

图 3-28　OneStory 的"工作台"页面

下面对OneStory"工作台"页面的组成部分进行讲解。

❶ 案例区：在该区域中，展示了"特别推荐"和"经典案例"这两类模板，创作者可以单击"使用案例"按钮，快速创建一个项目，并自动填入模板的分镜内容。

❷ 全部项目：该区域中会展示创作者创建的项目，单击任意项目即可进入相应的页面，查看和编辑具体的项目内容。

❸ 导航栏：该区域显示了OneStory的主要页面，例如，"工作台"页面支持创作者套用案例和管理项目；在"工具箱"页面，创作者可以单独生成图片、角色和视频；"会员订阅"页面则向创作者展示了会员可以享受的福利，并提供了订阅渠道。

3.2.2 生成分镜脚本

分镜脚本是连接剧本与画面的关键桥梁，它将文字内容转化为镜头语言，明确每一幕的视觉要素与叙事节奏。传统分镜脚本的编写对创作者的经验要求较高，而借助AI，创作者可以在保持剧情逻辑的基础上，高效生成结构清晰、画面感强的分镜脚本。这不仅节省时间，也为后续的图像创作提供了稳定的视觉蓝本。下面介绍使用DeepSeek生成分镜脚本的操作方法。

扫码看教学视频

步骤 01 在DeepSeek的对话页面中，单击输入区中的"深度思考（R1）"按钮，如图3-29所示，即可将其点亮，启用该模型生成回复。

步骤 02 在输入框中，❶输入提示词；❷单击↑按钮，如图3-30所示。

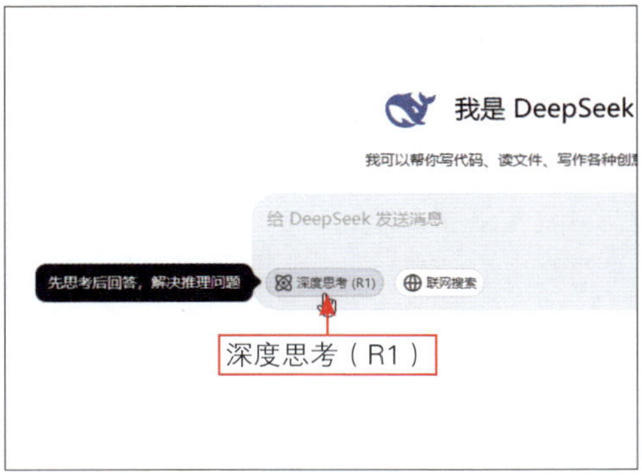

图 3-29 单击"深度思考（R1）"按钮

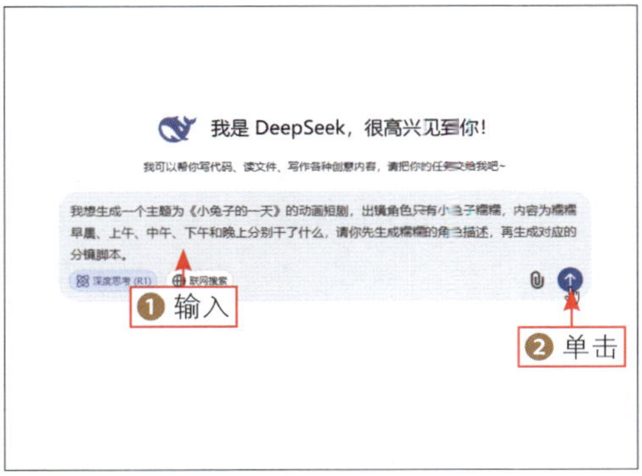

图 3-30 单击相应的按钮

步骤 03 执行操作后，即可发送提示词，获得DeepSeek生成的角色描述和分镜脚本，相关回复内容如下。

🐳 DeepSeek

> 角色描述
> 角色名：糯糯（一只小兔子）
> 外貌特征：糯糯是一只毛茸茸的白色兔子，浑身雪白的绒毛柔软顺滑，像云朵一样轻盈。它那双耳朵自然地垂在脸颊两侧，耳尖带着淡淡的粉色，如同被朝霞染过。眼睛又大又圆，犹如两颗黑宝石，闪烁着灵动又纯真的光芒。小巧的鼻子总是一动一动的，仿佛在嗅着空气中每一丝有趣的味道。它穿着简单，仅有一条浅蓝色的背带短裤，裤脚随着动作轻轻晃动，脚上的小爪子粉粉嫩嫩的，走起路来一蹦一跳，十分活泼可爱。
> 性格特点：糯糯性格天真烂漫、善良勇敢，对世界充满了好奇和探索欲，总是带着满满的热情去迎接每一天。它还十分热心肠，喜欢帮助森林里的小伙伴。
> 分镜脚本
> 分镜一：早晨——晨光中的苏醒
> 画面场景：森林里一棵粗壮大树下的草窝旁，阳光透过树叶缝隙洒下，形成一片片光斑，周围青草上的露珠晶莹闪烁，鸟儿在枝头鸣叫。
> 糯糯位置：草窝里，身体微微蜷缩着。
> ……

步骤 04 在同一个对话页面中，继续输入并发送提示词，让DeepSeek根据要求对分镜脚本进行调整，相关提示词和回复内容如下。

👤 提示词

> 请你按场景描述＋角色行为的格式，将每个分镜的内容分别调整为一段完整的内容，不再单独分点。

🐳 DeepSeek

> 分镜一：早晨——晨光中的苏醒
> 森林中一棵粗壮大树下的草窝旁，阳光透过树叶缝隙洒下，形成一片片光斑，露珠在草叶上闪烁着微光。糯糯在草窝里闭着眼睛，不想起床。
> 分镜二：上午——森林的探索
> 森林里一条清澈的小溪边，溪水潺潺流淌，周围是茂密的草丛和五彩斑斓的小花。糯糯在小溪里，耳朵竖起，小爪子伸进水里轻轻拨弄，溅起几朵小小的水花。
> 分镜三：中午——树荫下的野餐
> 森林中一棵枝叶繁茂的大树下，有一片凉爽的树荫，蝴蝶在周围的花丛中飞舞。糯糯坐在树荫下的草地上，手里拿着一根胡萝卜正往嘴里送，眼睛眯成一条缝，享受着美食。
> ……

☆ **专家提醒** ☆

　　使用 DeepSeek 这类 AI 工具来生成分镜脚本，可以提高创作的自由度，让分镜脚本更贴合创作者的需求。另外，OneStory 也提供了 "AI 扩写" 功能，可以帮助创作者将故事扩写成合适的剧本。不过，如果创作者对扩写的结果不满意，只能手动进行调整，或者重新进行扩写。因此，创作者根据自身情况选择合适的工具和功能，进行分镜脚本的生成即可。

3.2.3　创建新项目

　　在OneStory中，创作者需要以项目为单位来进行短剧的创作和编辑。因此，创作者要想生成需要的分镜图片，第1步就是创建一个新项目。下面介绍在OneStory中创建新项目的操作方法。

扫码看教学视频

步骤01 进入OneStory的 "工作台" 页面，在 "全部项目" 板块中，单击 "创建新的作品" 按钮，如图3-31所示。

图 3-31　单击 "创建新的作品" 按钮

☆ **专家提醒** ☆

　　OneStory 支持普通创作者创建 10 个项目，如果创作者已经有了 10 个项目，需要删除已有的项目，或者订阅会员服务，才能创建新项目。

步骤02 弹出 "创建新作品" 面板，❶设置 "项目名称" 为 "小兔子的一天"；❷设置 "画面尺寸" 为4：3，指定分镜图片的生成比例；❸设置 "画面风格" 为 "吉卜力"，如图3-32所示，指定角色和分镜图片的生成风格。

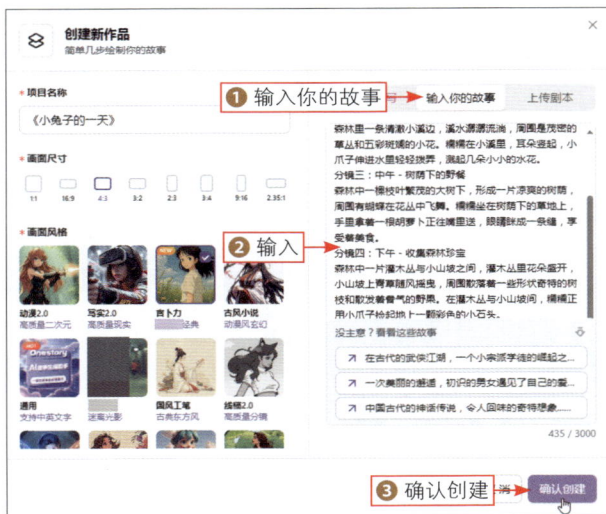

图 3-32　设置"画面风格"为"吉卜力"

步骤 03 在面板右侧，❶切换至"输入你的故事"选项卡；❷输入之前生成的分镜脚本；❸单击"确认创建"按钮，如图3-33所示，即可完成新项目的创建。

图 3-33　单击"确认创建"按钮

3.2.4　调整角色形象

在OneStory中，创作者完成项目的创建后，会自动进入"角色"选项卡，AI将根据分镜脚本生成一个角色形象。如果创作者觉得效果

扫码看教学视频

不好，可以通过修改提示词来重新生成。下面介绍在OneStory中调整角色形象的操作方法。

步骤01 在"角色"选项卡中，❶修改生成角色的提示词；❷单击"重新生成图片"按钮，如图3-34所示。

图 3-34 单击"重新生成图片"按钮

步骤02 稍等片刻，即可生成新的角色形象。如果创作者觉得新形象不错，可以单击"确认并生成分镜"按钮，如图3-35所示，完成角色形象的调整，并进入"分镜表"选项卡，开始生成对应的分镜图片。

图 3-35 单击"确认并生成分镜"按钮

☆ 专家提醒 ☆

创作者也可以在"创建新作品"面板中，将角色描述和分镜脚本一起输入，这样AI在初次生成角色形象时，就会根据角色描述进行生成，降低了后期需要调整角色形象的概率。

3.2.5　重新生成分镜图片

在利用AI生成分镜图片时，可能会出现生成的图片与分镜描述的场景不一致的情况，此时就需要创作者通过单击"重新生成"按钮，来重新生成分镜图片。下面介绍在OneStory中重新生成分镜图片的操作方法。

扫码看教学视频

步骤01　在"分镜表"选项卡中，查看生成的分镜图片，将鼠标指针移至需要调整的图片上，如第1张图片，单击"重新生成"按钮，如图3-36所示。

图 3-36　单击"重新生成"按钮

步骤02　执行操作后，AI即可根据画面描述重新生成分镜图片。稍等片刻，创作者可以查看新的分镜图片，如图3-37所示。创作者可以根据其他分镜图片的情况，用与上面相同的方法，调整不满意的分镜图片。

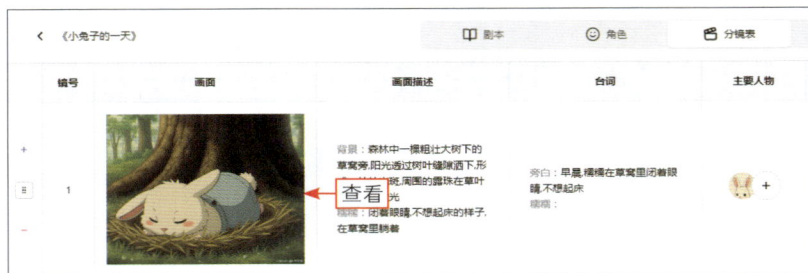

图 3-37　查看新的分镜图片

☆ 专家提醒 ☆

在 OneStory 中生成分镜图片时，也可能会出现多余或重复的分镜图片，此时创作者需要

❶切换至"故事板"选项卡；❷单击对应分镜右上角的"删除"按钮🗑，如图 3-38 所示，即可将不需要的分镜图片删除。

图 3-38　单击"删除"按钮

3.2.6　导出分镜图片

OneStory支持创作者将生成的分镜图片导出，以便在其他工具中进行视频的生成和编辑。下面介绍在OneStory中导出分镜图片的操作方法。

扫码看教学视频

步骤01 在"分镜表"选项卡的右上角，❶单击"导出"按钮；在弹出的列表中，❷选择"导出所有图片"选项，如图3-39所示。

步骤02 弹出"导出所有图片"面板，单击"导出所有图片"按钮，如图3-40所示，稍等片刻，即可导出所有分镜图片。

图 3-39　选择"导出所有图片"选项

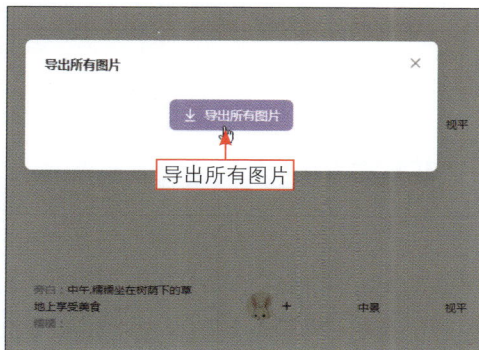

图 3-40　单击"导出所有图片"按钮

075

☆ 专 家 提 醒 ☆

OneStory也提供了视频生成与合成功能，创作者可以使用分镜图片生成视频；还可以在"视频"选项卡中，生成配音音频和字幕，制作出有画面、字幕和声音的视频效果，如图3-41所示。

图 3-41　在"视频"选项卡中制作出有画面、字幕和声音的视频效果

本章小结

本章首先介绍了如何使用豆包工具生成多种典型场景的分镜画面，包括家庭客厅、公司办公室、卧室晨光、乡村自然及仙侠类场景，帮助用户掌握使用AI生成环境画面的技巧。然后介绍了OneStory的使用方法，从创建分镜脚本、调整角色形象，到重新生成并导出分镜图片，系统地展示了生成完整分镜图的流程。通过本章内容，读者可以全面了解分镜图像的AI生成与应用。

课后实训

鉴于本章知识的重要性，为了帮助读者更好地掌握所学知识，本节将通过课后实训，帮助读者进行简单的知识回顾和补充。

【实训任务】请使用豆包生成一张科幻类场景图片，效果如图3-42所示。

扫码看教学视频

图 3-42　效果展示

下面介绍使用豆包生成科幻类场景图片的操作方法。

步骤01 在"图像生成"页面中，❶输入提示词，描述想要的场景内容；❷单击"发送"按钮 ↑，如图3-43所示，即可让豆包生成4张场景图片。

步骤02 单击第2张图片上的"下载"按钮，如图3-44所示，即可将其下载到本地文件夹中。

图 3-43　单击"发送"按钮

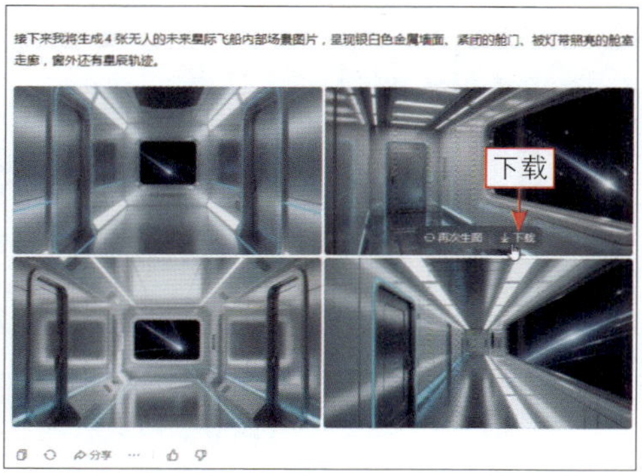

图 3-44　单击"下载"按钮

第 4 章 视频智能生成：即梦 AI、可灵 AI 输出影视级画面

　　本章将介绍即梦AI与可灵AI这两款AI视频生成工具，帮助创作者掌握利用文本生成画面、将图像转换为视频、角色驱动等多种操作方式，快速输出具备影视级视觉效果的视频素材，为短剧创作注入高效与创意并存的新动能。

4.1 使用即梦 AI 生成视频素材

即梦AI以其出色的画面理解力和生成效率，已成为众多创作者首选的视频生成工具。本节将介绍即梦AI的两个版本，带领创作者逐步掌握其"文生视频""图生视频""对口型"等核心功能，实现从想法到视觉素材的高效转化。

4.1.1 认识即梦AI网页版

即梦AI是由字节跳动推出的智能视频生成工具，其网页版支持用户通过文字描述或图片提示，生成具有视觉连贯性的场景视频，适合在网页端进行视频画面的创意生成与初步打磨。图4-1所示为即梦AI网页版的"首页"页面。

扫码看教学视频

图 4-1 即梦 AI 网页版的"首页"页面

下面对即梦AI网页版"首页"页面中的组成部分进行讲解。

❶ 导航栏：该区域显示了即梦AI的主要页面和AI创作功能，创作者可以单击所需的按钮，进入相应的页面或使用对应的功能。

❷ 搜索栏：创作者可以在这里输入要搜索的作品关键词，再单击"搜索"按钮，查找对应的作品。

❸ 功能区：该区域显示了即梦AI的6大功能，包括"图片生成""智能画布""视频生成""故事创作""对口型""动作模仿"，创作者单击相应的按钮，即可使用对应的功能进行生成。

❹ 作品区：该区域包括"灵感"和"短片"两个选项卡，其中"灵感"选项卡中会显示其他创作者发布的图片或视频模板，创作者可以套用模板轻松生成

同款；"短片"选项卡中则会展示其他创作者发布的成品视频，创作者可以欣赏这些创意作品。

4.1.2 认识即梦AI手机版

即梦AI手机版延续了网页版的视频生成能力，优化了移动端的交互体验，方便创作者随时随地进行短剧画面的创意生成与快速预览，适合灵感捕捉与初步制作。图4-2所示为即梦AI手机版的视频生成界面。

扫码看教学视频

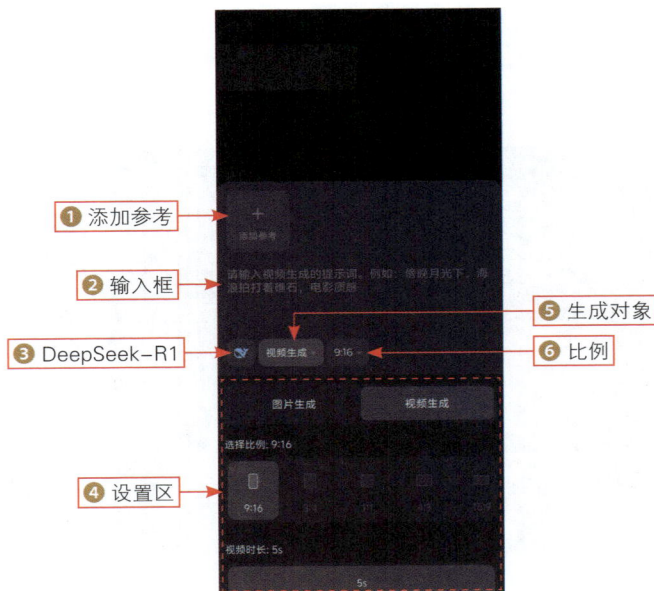

图 4-2　即梦 AI 手机版的视频生成界面

下面对即梦AI手机版视频生成面板中的组成部分进行相关讲解。

❶ 添加参考：点击该按钮，进入相应的界面，创作者可以选择相册或过往生成的图片进行上传，作为视频的参考图。

❷ 输入框：创作者可以在这里输入AI短视频的提示词，告知AI自己想要的画面效果。

❸ DeepSeek-R1：即梦AI接入了DeepSeek-R1模型，点击该按钮，可以进入DeepSeek-R1的对话界面，让AI帮忙生成所需的视频提示词。

❹ 设置区：在该区域中，创作者可以设置生成的对象为图片或视频；也可以对生成参数进行设置，包括比例、时长和模型等。

⑤ 生成对象：该按钮会显示当前设置的生成对象，并且点击该按钮，可以展开或收起设置区。

⑥ 比例：该按钮只会显示当前设置的生成比例，并且点击该按钮，也可以展开或收起设置区。

4.1.3　文生场景视频

【效果展示】在即梦AI中进行文生视频时，创作者需要完成输入提示词和设置生成参数这两个步骤，其中前者决定了视频的画面内容，而后者影响着视频的生成效果，两者结合才能生成具有视觉冲击力的场景视频，效果如图4-3所示。

扫码看教学视频

图 4-3　效果展示

下面介绍在即梦AI中通过文字生成场景视频的操作方法。

步骤**01** 在即梦AI的"首页"页面中，单击"AI视频"选项区中的"视频生成"按钮，如图4-4所示，进入"视频生成"页面。

步骤**02** ❶切换至"文本生视频"选项卡；❷输入提示词，如图4-5所示，告知AI需要生成的视频内容。

图 4-4　单击"视频生成"按钮

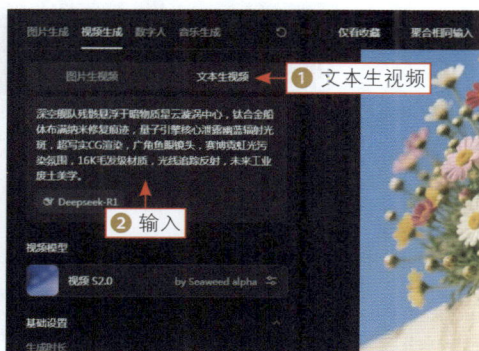

图 4-5　输入提示词

步骤 03 ❶ 单击"视频模型"右下角的"修改"按钮 ⚙；在弹出的"视频模型"下拉列表中，❷ 选择"视频1.2"选项，如图4-6所示，即可更改视频的生成模型。

步骤 04 在"生成时长"选项区中，选择6s选项，如图4-7所示，设置视频的时长。

图 4-6　选择"视频 1.2"选项

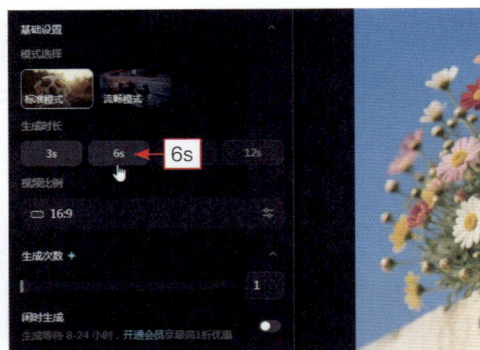

图 4-7　选择 6s 选项

步骤 05 单击"生成视频"按钮，即可使用视频1.2模型和提示词生成一个时长为6s的视频。单击视频右上角的"下载"按钮 ⬇，如图4-8所示，即可将视频下载到本地文件夹中。

图 4-8　单击"下载"按钮

4.1.4　文生图转视频

【效果展示】在即梦AI中进行图生视频时，创作者需要准备一张图片素材。如果一时找不到，创作者可以先在即梦AI中使用提示词生成一张满意的图片，再使用这张图片进行视频的生成，效果如图4-9所示。

扫码看教学视频

图 4-9 效果展示

下面介绍在即梦AI中进行文生图转视频的操作方法。

步骤01 在即梦AI的"首页"页面中，单击"AI作图"选项区中的"图片生成"按钮，如图4-10所示，进入"图片生成"页面。

步骤02 在输入框中输入提示词，如图4-11所示，告知AI需要生成的图片内容。

图 4-10 单击"图片生成"按钮

图 4-11 输入提示词

步骤03 ❶设置"图片比例"为3∶4，让AI生成竖幅的图片；❷单击"立即生成"按钮，如图4-12所示。

步骤04 执行操作后，即可让AI根据提示词和设置的参数生成4张图片，单击第2张图片上的"超清"按钮 HD，如图4-13所示。

步骤05 执行操作后，即可生成对应的超清图效果，在超清图的右下方单击"超清"按钮 HD，如图4-14所示。

步骤06 执行操作后，即可在超清图的基础上，重新生成一张清晰度更高的图片，在图片的右下方单击"生成视频"按钮，如图4-15所示。

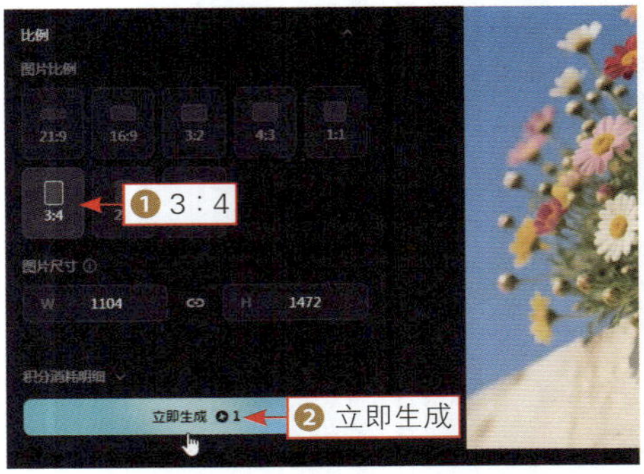

图 4-12　单击"立即生成"按钮

图 4-13　单击"超清"按钮（1）

图 4-14　单击"超清"按钮（2）

图 4-15　单击"生成视频"按钮

步骤07 执行操作后，即可跳转至"视频生成"页面的"图片生视频"选项卡，图片会自动上传，如图4-16所示，作为生成视频的参考图和首帧画面。

步骤08 单击"生成视频"按钮，即可使用该图片生成视频，效果如图4-17所示。

图 4-16　图片会自动上传

图 4-17　生成的视频效果

4.1.5　图生图转视频

扫码看教学视频

【效果展示】如果创作者准备好了图片素材，但是没那么满意，则可以先在即梦AI中通过图生图的操作，对图片进行调整，再使用调整后的图片生成视频，效果如图4-18所示。

图 4-18　效果展示

下面介绍在即梦AI中进行图生图转视频的操作方法。

步骤01 在"图片生成"页面中，单击"导入参考图"按钮，如图4-19所示。

步骤02 弹出"打开"对话框，❶选择需要调整的图片；❷单击"打开"按钮，如图4-20所示，即可将其上传。

图 4-19　单击"导入参考图"按钮

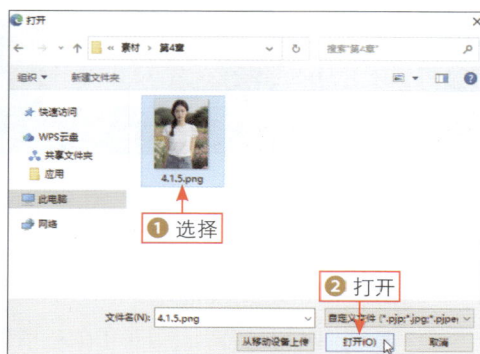

图 4-20　单击"打开"按钮

步骤 **03** 在弹出的"参考图"对话框中，保持默认的参考维度不变，单击"保存"按钮，如图4-21所示，保存设置的图片参考维度，并返回"图片生成"页面。

步骤 **04** 输入提示词，如图4-22所示，告知AI需要对图片进行调整的内容。

图 4-21 单击"保存"按钮

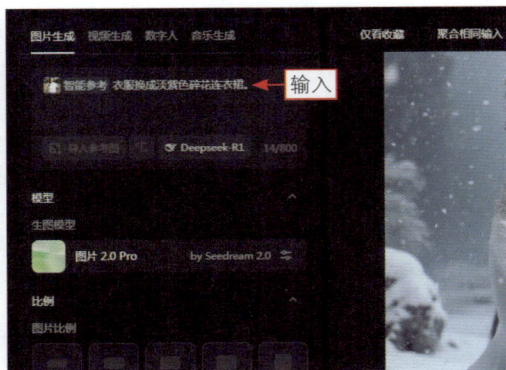

图 4-22 输入提示词（1）

步骤 **05** 单击"立即生成"按钮，即可生成4张调整后的图片，单击第3张图片中的"超清"按钮 HD，如图4-23所示。

图 4-23 单击"超清"按钮（1）

步骤 **06** 执行操作后，即可生成第3张图片的超清图，在超清图的右下方单击"超清"按钮 HD，如图4-24所示。

步骤 **07** 执行操作后，即可在超清图的基础上，重新生成一张清晰度更高的图片，在图片的右下方单击"生成视频"按钮，如图4-25所示。

图 4-24　单击"超清"按钮（2）

图 4-25　单击"生成视频"按钮

步骤 08 执行操作后，即可跳转至"视频生成"页面的"图片生视频"选项卡，❶图片会自动上传，作为生成视频的参考图和首帧画面；❷输入提示词，如图4-26所示，描述想要的视频效果。

步骤 09 单击"生成视频"按钮，即可使用图片和提示词开始生成视频，并显示生成进度，如图4-27所示。生成结束后，创作者可以查看视频效果。

图 4-26　输入提示词（2）

图 4-27　显示生成进度

4.1.6　生成角色对口型视频

【效果展示】在即梦AI中，创作者可以借助"对口型"功能，将一张角色图片变成自定义台词、音色和语速的对口型视频，效果如图4-28所示。

扫码看教学视频

087

图4-28　效果展示

下面介绍在即梦AI中生成角色对口型视频的操作方法。

步骤01 在即梦AI的"首页"页面中，单击"数字人"选项区中的"对口型"按钮，如图4-29所示，进入"数字人"页面的"对口型"选项卡。

步骤02 单击"导入角色图片/视频"按钮，如图4-30所示。

图4-29　单击"对口型"按钮

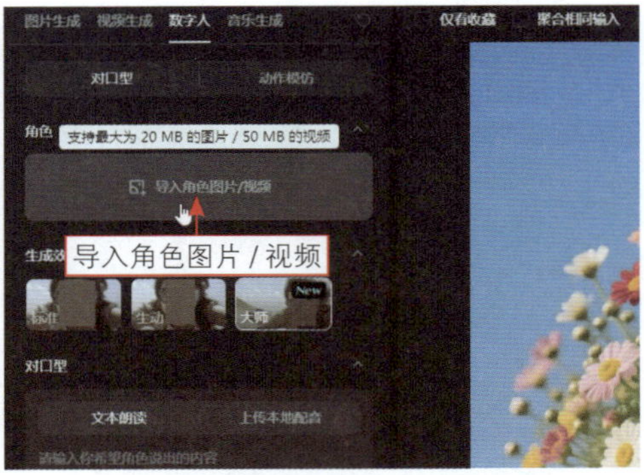

图4-30　单击"导入角色图片/视频"按钮

步骤03 在弹出的列表中，选择"从本地上传"选项，如图4-31所示。

步骤04 弹出"打开"对话框，❶选择角色图片；❷单击"打开"按钮，如图4-32所示，即可将其上传，AI会自动对图片中的角色进行检测。

步骤05 检测完成后，保持默认的生成效果不变，在"文本朗读"选项卡中，❶输入台词；❷单击下方的朗读音色，如图4-33所示。

步骤06 在弹出的"朗读音色"面板中，❶切换至"女青年"选项卡；❷选择"随性女声"音色，如图4-34所示，即可选择该音色，并试听效果。

图 4-31 选择"从本地上传"选项

图 4-32 单击"打开"按钮

图 4-33 单击朗读音色

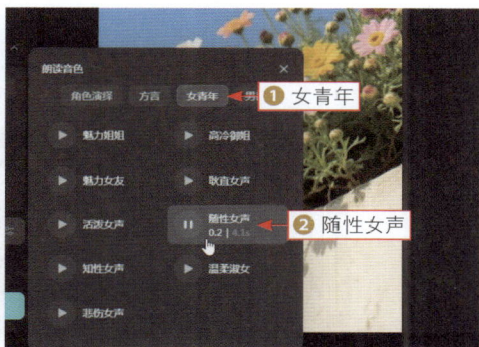

图 4-34 选择"随性女声"音色

步骤07 ❶设置"说话速度"为0.9×，放慢角色的语速；❷单击"生成视频"按钮，如图4-35所示。

步骤08 执行操作后，即可开始生成角色对口型视频，并显示生成进度，如图4-36所示，生成结束后，创作者可以查看视频效果。

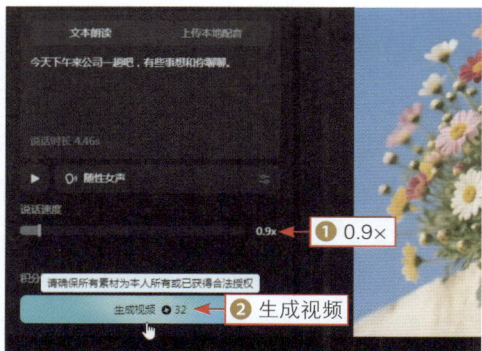

图 4-35 单击"生成视频"按钮

图 4-36 显示生成进度

4.2　使用可灵 AI 生成分镜素材

随着生成式AI的不断进化，可灵AI以其强大的多模态生成能力和对视频细节的精准控制，成为当前短剧创作中的重要工具。本节先对可灵AI网页版和手机版的页面与界面进行介绍，再依次讲解可灵AI在文生视频、图生视频、动态特效和对口型等方面的实际应用。

4.2.1　认识可灵AI网页版

可灵AI网页版具备稳定的生成性能与较高的画质上限，适合在桌面端进行系统性的内容制作。创作者可以通过输入文字或上传图像来生成视频画面，并在浏览器中直接预览与下载。图4-37所示为可灵AI网页版的"首页"页面。

图 4-37　可灵 AI 网页版的"首页"页面

下面对可灵AI网页版"首页"页面的组成部分进行讲解。

❶ 导航栏：该区域显示了可灵AI的主要页面和AI创作工具，创作者可以单击相应按钮，进入相应的页面或使用对应的工具。

❷ 公告区：该区域会向创作者展示可灵AI的最新讯息，如发布新模型、上线新功能等，单击"立即体验"按钮，即可进入对应页面，体验模型或功能的生成效果。

❸ 作品区：该区域包括"素材"和"短片"两个选项卡，都展示了其他创作者发布的图片或视频作品，不过只有"素材"选项卡中的作品会显示提示词，并且支持创作者一键生成同款。

4.2.2　认识可灵AI手机版

可灵AI手机版更加便于移动创作场景下的操作，适合在灵感突发时快速生成视觉片段，也方便将视频直接发布或保存到手机相册。图4-38所示为可灵AI手机版的"首页"界面。

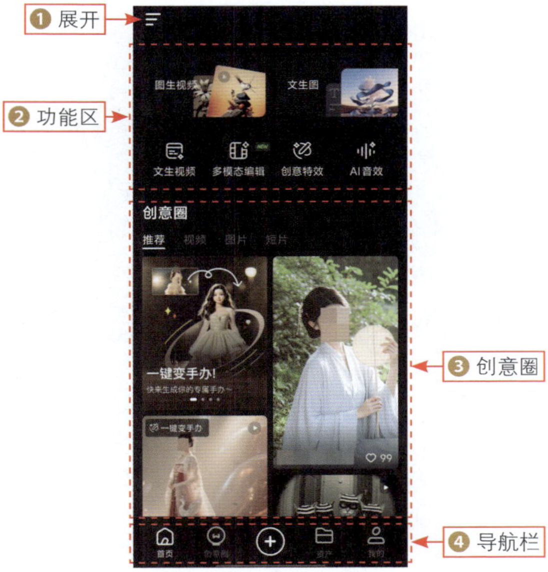

图 4-38　可灵 AI 手机版的"首页"界面

下面对可灵AI手机版"首页"界面的组成部分进行讲解。

❶ 展开 ：点击该按钮，即可展开侧边栏，查看和管理账号的相关信息。

❷ 功能区：该区域展示了可灵AI的6大功能，包括"图生视频""文生图""文生视频""多模态编辑""创意特效""AI音效"，创作者点击任意按钮，即可进入对应的生成界面。

❸ 创意圈：该区域展示了其他创作者发布的作品，并分为"推荐""视频""图片""短片"这4个选项卡，创作者可以查看、点赞和评论这些作品，也可以将前3个选项卡中的作品作为模板，轻松生成同款效果。

❹ 导航栏：在该区域显示了可灵AI手机版的4个界面按钮和生成按钮 ，除了"首页"界面，创作者可以在"创意圈"界面中查看更多别人的作品；也可以点击生成按钮 ，进行图片/音效/视频的创作；还可以在"资产"界面中查看账号生成的所有作品。而在"我的"界面中，创作者可以查看账号发布和点赞的作品。

4.2.3　文生空镜素材

【效果展示】空镜头是短剧中营造氛围、铺垫情绪的重要画面类型。可灵AI支持创作者使用提示词直接生成如海边灯塔、山林晨雾等具有叙事感的空镜画面，适用于片头片尾、情绪转折或留白段落的视觉铺陈，效果如图4-39所示。

扫码看教学视频

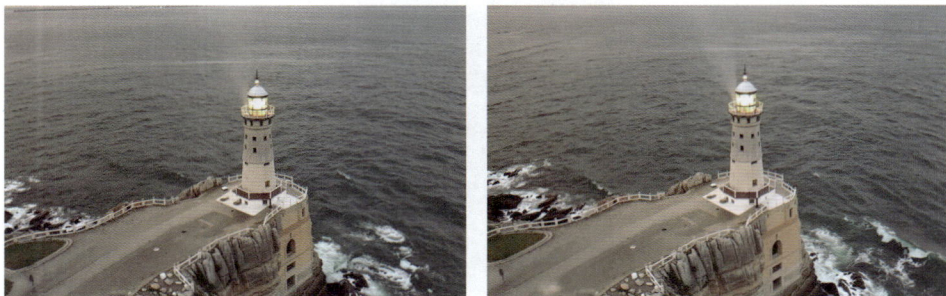

图 4-39　效果展示

下面介绍在可灵AI中利用文本生成空镜素材的操作方法。

步骤 01　在可灵AI的"首页"页面中，单击左侧导航栏中的"视频生成"按钮，如图4-40所示，进入"视频生成"页面。

步骤 02　❶切换至"文生视频"选项卡；在"创意描述"下方的文本框中，❷输入提示词，如图4-41所示，告知AI需要生成的视频内容。

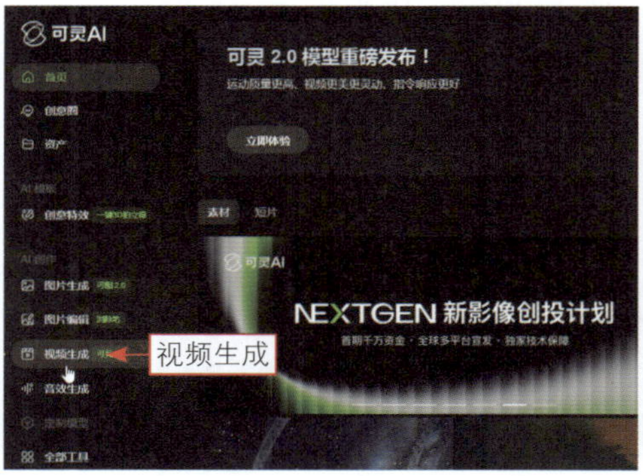

图 4-40　单击"视频生成"按钮

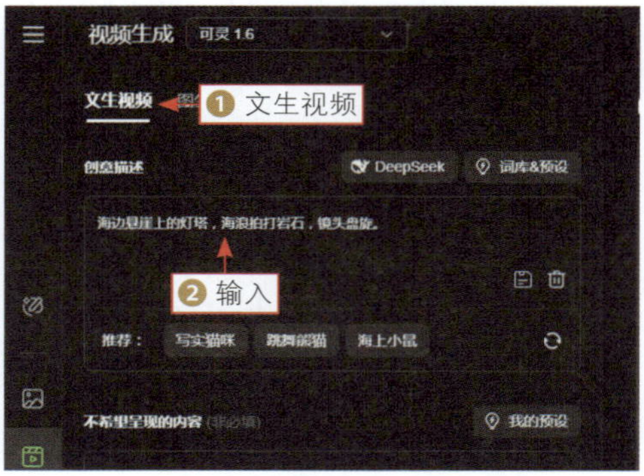

图 4-41　输入提示词

步骤 03　❶单击"标准模式"右侧的 按钮；在弹出的下拉列表框中，❷选择"高品质模式"选项，如图4-42所示，更改视频的生成模式，提高视频的生成质量。

步骤04 单击"立即生成"按钮，如图4-43所示，即可开始生成视频。

图 4-42 选择"高品质模式"选项

图 4-43 单击"立即生成"按钮

☆ 专 家 提 醒 ☆

在可灵 AI 中，创作者可能会碰到几个小时才能生成一个视频的情况。如果创作者不着急，可以先去做别的事情，过一段时间再来看是否生成结束了；如果创作者想更快看到效果，或者需要生成大量视频，可以考虑订阅会员服务。

步骤05 生成结束后，即可在页面的右侧查看视频效果，如果创作者觉得满意，可以单击视频右下角的"下载"按钮，如图4-44所示，将视频下载到本地文件夹中。

图 4-44 单击"下载"按钮

4.2.4 图生人物视频

【效果展示】在可灵AI中，创作者可以先上传一张人物图片，再通过添加提示词来描述人物动作，从而生成自然、流畅的动态人物视频，效果如图4-45所示。

扫码看教学视频

093

图 4-45　效果展示

下面介绍在可灵AI中完成图生人物视频的操作方法。

步骤 01 在"视频生成"页面的"图生视频"选项卡中，单击"点击/拖拽/粘贴"按钮，如图4-46所示。

步骤 02 弹出"打开"对话框，❶选择人物图片；❷单击"打开"按钮，如图4-47所示，即可将其上传。

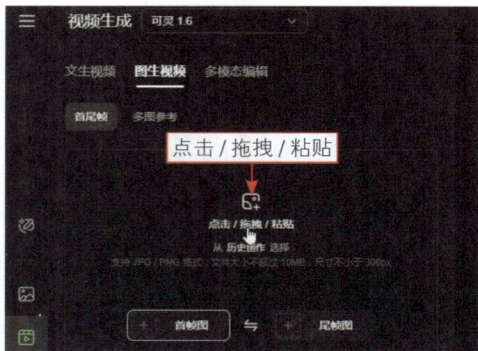

图 4-46　单击"点击/拖拽/粘贴"按钮

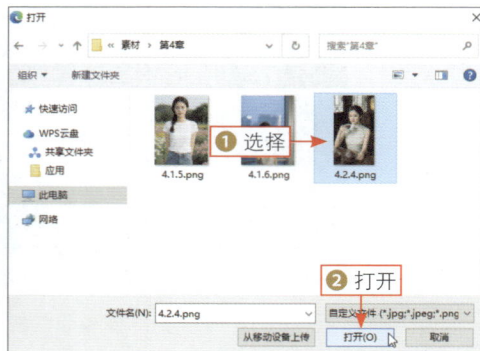

图 4-47　单击"打开"按钮

步骤 03 在"创意描述"下方的文本框中，输入提示词，如图4-48所示，描述需要的人物动作。

步骤 04 单击"立即生成"按钮，即可生成对应的视频，效果如图4-49所示。

图 4-48 输入提示词

图 4-49 生成的视频效果

4.2.5 生成建筑起飞特效

【效果展示】可灵AI提供了许多创意特效，创作者可以借助这些特效将一张图片变成有趣又新奇的特效视频，为短剧增加更多的趣味性，效果如图4-50所示。

扫码看教学视频

图 4-50 效果展示

下面介绍在可灵AI中生成建筑起飞特效的操作方法。

步骤 **01** 在"视频生成"页面的左侧，单击"创意特效"按钮，如图4-51所示，进入"创意特效"界面。

步骤 **02** 在"创意特效"界面中，选择"一飞冲天"选项，如图4-52所示，确定要生成的特效类型。

步骤 **03** 在界面下方，单击"点击/拖拽/粘贴"按钮，如图4-53所示。

步骤 **04** 在弹出的"打开"对话框中，❶选择建筑图片；❷单击"打开"按钮，如图4-54所示，即可将其上传。

图 4-51　单击"创意特效"按钮

图 4-52　选择"一飞冲天"选项

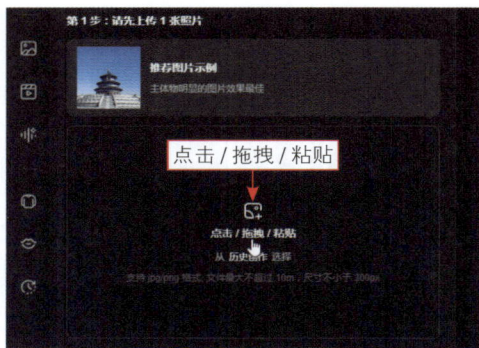

图 4-53　单击"点击／拖拽／粘贴"按钮

图 4-54　单击"打开"按钮

步骤 05 保持特效自带的提示词不变，设置生成模式为"高品质模式"，如图4-55所示，提高视频的生成质量。

步骤 06 单击"立即生成"按钮，即可生成对应的视频，效果如图4-56所示。

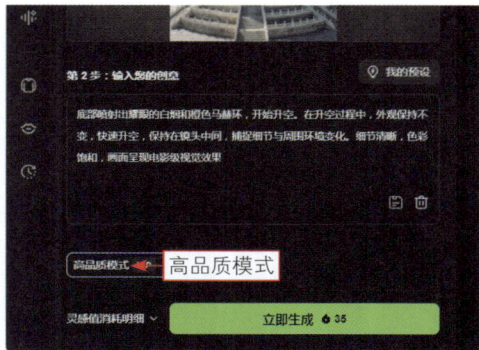

图 4-55　设置生成模式为"高品质模式"

图 4-56　生成的视频效果

4.2.6 生成角色说话视频

【效果展示】可灵AI目前只支持为视频生成对口型效果，如果创作者只有一张角色图片，可以先用这张图片在可灵AI中生成一个视频，再去生成对口型视频，效果如图4-57所示。

扫码看教学视频

图 4-57 效果展示

下面介绍在可灵AI中生成角色说话视频的操作方法。

步骤01 在"视频生成"页面的"图生视频"选项卡中，单击"点击/拖拽/粘贴"按钮，如图4-58所示。

步骤02 在弹出的"打开"对话框中，❶选择角色图片；❷单击"打开"按钮，如图4-59所示，即可将其上传。

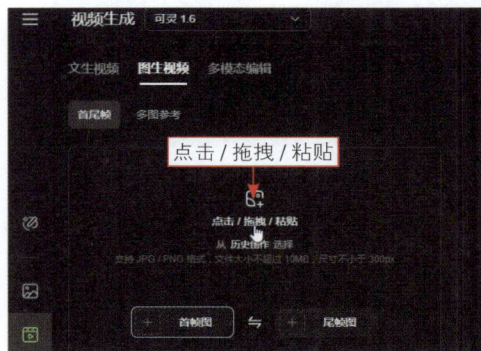

图 4-58 单击"点击/拖拽/粘贴"按钮

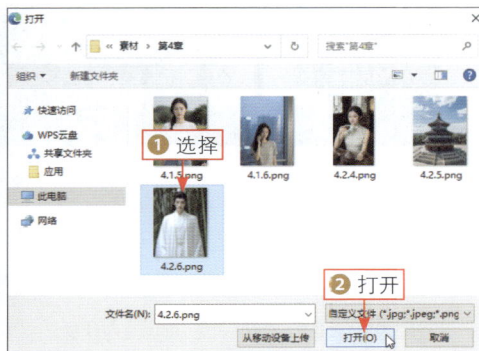

图 4-59 单击"打开"按钮

步骤 03 在"创意描述"下方的文本框中，❶输入提示词，告知AI需要生成的视频效果；❷设置生成模式为"高品质模式"，如图4-60所示，提高视频的生成质量。

步骤 04 单击"立即生成"按钮，即可生成对应的视频，接着单击视频左下角的"对口型"按钮，如图4-61所示。

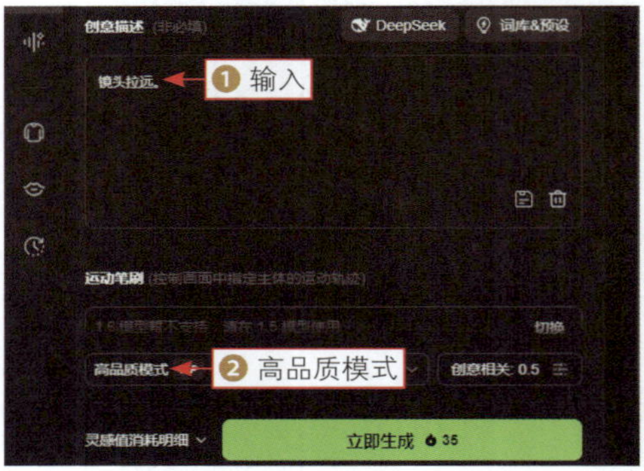

图 4-60 设置生成模式为"高品质模式"

图 4-61 单击"对口型"按钮

步骤 05 执行操作后，进入"对口型"页面，可灵AI会自动将视频上传至页面中。在"配音音频"面板的"文本朗读"选项卡中，输入角色说话的内容，如图4-62所示。

图 4-62 输入角色说话内容

步骤 06 在"音色"选项区域，❶切换至"男青年"选项卡；❷选择"文艺小哥"选项，如图4-63所示，即可设置配音音色。

步骤 07 ❶设置"语速"为0.9×，降低角色的说话速度；❷单击"立即生成"按钮，如图4-64所示。

步骤 08 执行操作后，即可生成对应的角色说话视频，效果如图4-65所示。

图 4-63 选择"文艺小哥"选项

图 4-64 单击"立即生成"按钮

图 4-65 生成的视频效果

本章小结

本章首先介绍了如何使用即梦AI生成多种类型的视频素材，包括文生场景视频、图转视频及角色对口型视频，全面展示了即梦AI在短剧生成中的实用功能。随后介绍了可灵AI的操作方法及其在生成空镜、人物视频、特效与角色说话视频等方面的应用，帮助创作者高效地构建分镜所需的视频片段。

课后实训

鉴于本章知识的重要性，为了帮助读者更好地掌握所学知识，本节将通过课后实训，帮助读者进行简单的知识回顾和补充。

【实训任务】请使用即梦AI的"文本生视频"功能生成一段比例

扫码看教学视频

为16：9、时长为6s的空镜素材，效果如图4-66所示。

下面介绍使用即梦AI的"文本生视频"功能生成空镜素材的操作方法。

步骤01 在"视频生成"页面中，❶切换至"文本生视频"选项卡；❷输入提示词，如图4-67所示，告知AI需要生成的视频内容。

步骤02 ❶单击"视频模型"右下角的"修改"按钮 ；在弹出的"视频模型"列表框中，❷选择"视频1.2"选项，如图4-68所示，即可更改视频的生成模型。

步骤03 在"生成时长"选项区中，选择6s选项，如图4-69所示，即可更改视频的时长。

步骤04 单击"生成视频"按钮，即可生成对应的空镜素材，效果如图4-70所示。

图 4-66　效果展示

图 4-67　输入提示词

图 4-68　选择"视频 1.2"选项

图 4-69　选择 6s 选项

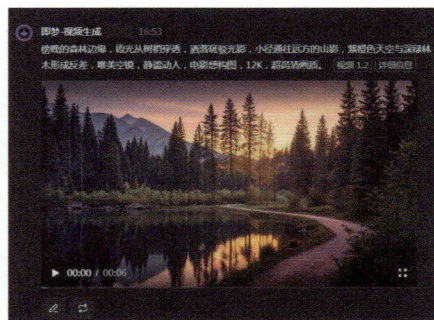

图 4-70　生成的空镜素材效果

第 5 章　AI 音乐创作：海绵音乐、
天谱乐定制短剧配乐

音乐是短剧叙事不可或缺的表达，它具有承载情绪、塑造氛围，甚至推动剧情转折的作用。随着AI音乐创作工具的普及，定制化、场景化的短剧配乐成为可能。本章将以海绵音乐和天谱乐为例，探索如何用AI精准生成不同用途、题材的音乐，让短剧的声音与画面完美共振。

5.1 使用海绵音乐生成不同用途的音乐

海绵音乐是一款轻量高效的AI音乐生成平台，支持网页版与手机版操作，方便创作者在不同设备上快速定制短剧配乐。本节将基于海绵音乐的功能特点，分别生成主题曲、角色专属音乐、情节插曲、推广曲和氛围纯音乐，满足短剧在不同阶段、不同场景下的声音需求。

5.1.1 认识海绵音乐网页版

海绵音乐是一款由字节跳动推出的AI音乐创作工具，致力于通过人工智能技术降低音乐创作门槛，让普通创作者也能轻松实现音乐创作。它支持根据灵感（即提示词）、歌词、风格和情绪等参数生成原创音乐，广泛应用于短剧、短视频、广告等领域。而网页版作为主力创作端，功能更全面，适合细致地打磨作品。图5-1所示为海绵音乐网页版的"创作"页面。

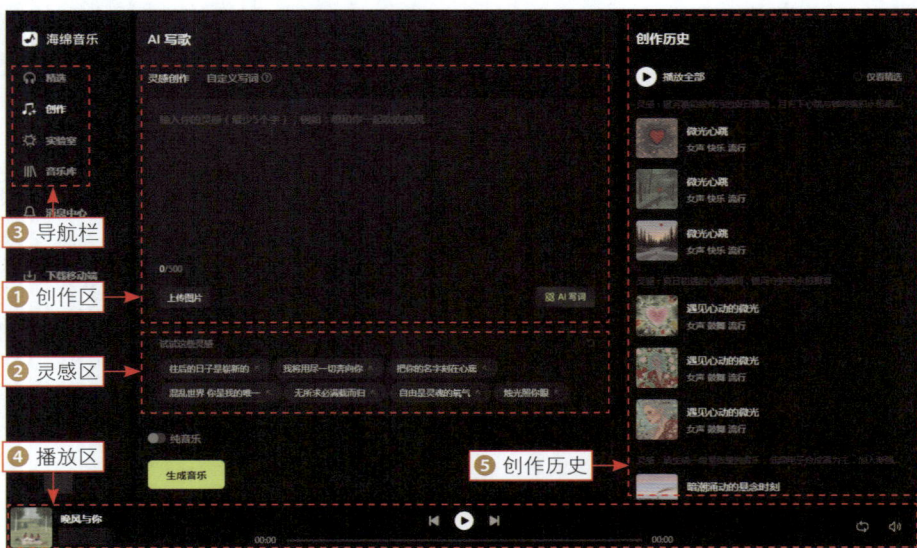

图 5-1　海绵音乐网页版的"创作"页面

下面对海绵音乐网页版"创作"页面的组成部分进行讲解。

❶ 创作区：海绵音乐提供了"灵感创作"和"自定义写词"这两种创作方式，创作者可以使用灵感直接生成音乐；也可以先使用灵感生成歌词，再使用歌词进行音乐的生成；还可以直接使用准备好的歌词进行生成。

❷ 灵感区：该区域显示了海绵音乐提供的创作灵感，创作者可以选择感兴

趣的灵感，灵感内容会自动填入文本框中，方便后续用来生成歌词或音乐。

❸ 导航栏：该区域显示了海绵音乐的主要功能页面，其中"精选"页面展示了别人发布的歌曲；"实验室"页面则为创作者提供了AI改编歌曲和歌词的新功能；"音乐库"页面则展示了创作者发布和点赞的歌曲。

❹ 播放区：该区域会显示当前播放歌曲的名称、创作者昵称、时长和播放进度等信息，创作者可以选择其他人发布的作品进行播放；也可以播放自己创作的音乐。

❺ 创作历史：该区域会显示创作者的所有创作记录，创作者可以随时查看、播放、分享和下载这些音乐作品。

5.1.2　认识海绵音乐手机版

海绵音乐手机版延续了网页版的核心生成能力，专为移动场景下的快捷创作优化。它通过简洁直观的界面，让创作者在手机上也能快速生成并试听配乐，适合外出拍摄、即时调整短剧音乐方案。图5-2所示为海绵音乐手机版的"AI写歌"界面。

扫码看教学视频

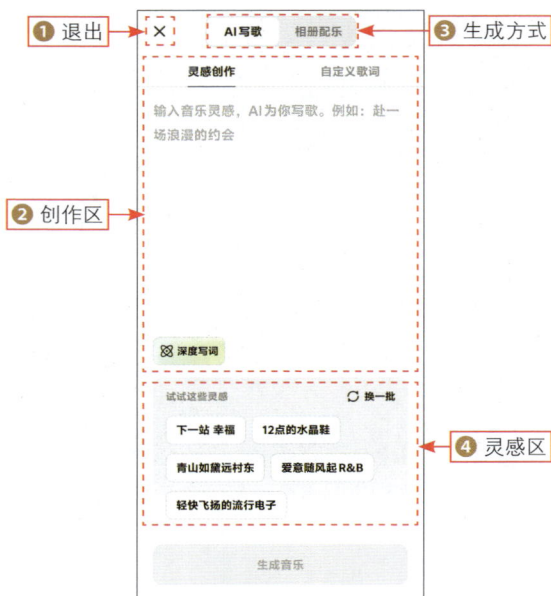

图 5-2　海绵音乐手机版的"AI 写歌"界面

下面对海绵音乐手机版"AI写歌"界面的组成部分进行讲解。

❶ 退出✕：点击该按钮，即可退出"AI写歌"界面，返回"音乐"界面或

"我的"界面。

❷ 创作区："AI写歌"界面提供的"灵感创作"和"自定义歌词"这两种创作方式，可以充分满足创作者的歌词和歌曲创作需求。

❸ 生成方式：海绵音乐手机版提供了"AI写歌"和"相册配乐"这两种音乐生成方式，其中"AI写歌"主要生成歌曲或只有一张图片的歌词视频，而"相册配乐"可以根据创作者提供的图片或视频，以及音乐的灵感，生成动态音乐视频。

❹ 灵感区：该区域会显示海绵音乐提供的歌曲创作灵感，创作者点击"换一批"按钮，还可以更换显示的创作灵感。

5.1.3 生成短剧主题曲

【效果展示】短剧主题曲是整部剧情绪基调和核心故事理念的集中体现，通常在片头、片尾或宣传物料中反复出现。它需要旋律鲜明、情绪饱满，能够快速传达短剧的风格特征。在海绵音乐中，创作者可以使用歌词和相关参数直接生成主题曲，效果如图5-3所示。

扫码看教学视频

图 5-3　效果展示

下面介绍在海绵音乐中生成短剧主题曲的操作方法。

步骤01 进入海绵音乐的"精选"页面，在左侧的导航栏中，单击"创作"按钮，如图5-4所示，进入"创作"页面。

步骤 02 单击"自定义写词"按钮，如图5-5所示，切换至"自定义写词"选项卡。

图5-4　单击"创作"按钮

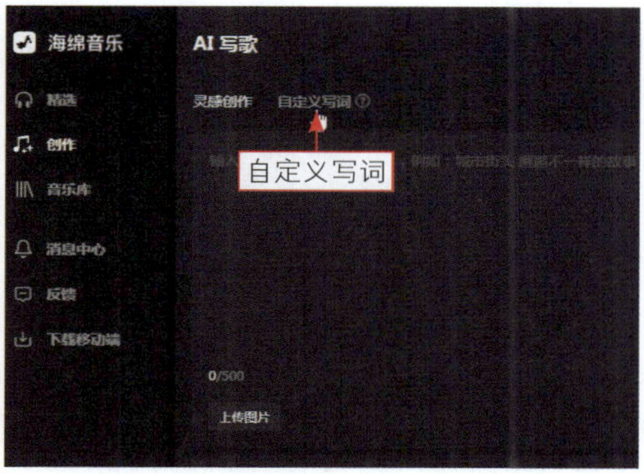

图5-5　单击"自定义写词"按钮

步骤 03 在文本框中，输入歌词，如图5-6所示，让AI根据指定的歌词生成音乐。

步骤 04 在"请选择音乐风格"选项区的"曲风"选项组中，选择"摇滚"选项，如图5-7所示，指定主题曲的曲风。

图5-6　输入歌词

图5-7　选择"摇滚"选项

步骤 05 用与上面相同的方法，设置"心情"为"鼓舞"、"类型"为"男声"，如图5-8所示，指定主题曲的情感和音色。

步骤 06 单击"生成音乐"按钮，"创作历史"面板中会显示3首正在创作的歌曲，并显示创作进度，如图5-9所示，页面右侧会弹出"音乐详情"面板，生成结束后，会自动播放第1首音乐，并在"音乐详情"面板中显示音乐的相关信息。

步骤 07 创作者可以选择感兴趣的歌曲，进行试听，如单击第3首歌曲封面

上的 ▶ 按钮，如图5-10所示，即可进行试听，"音乐详情"面板中也会显示第3首歌曲的相关信息。

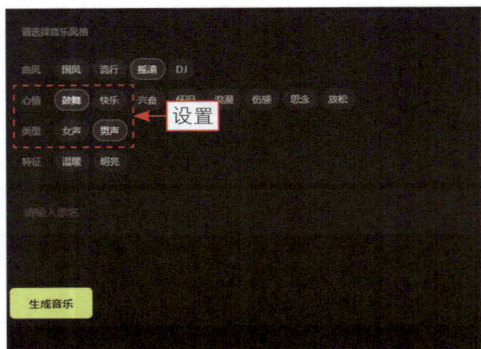

图 5-8　设置相应的参数

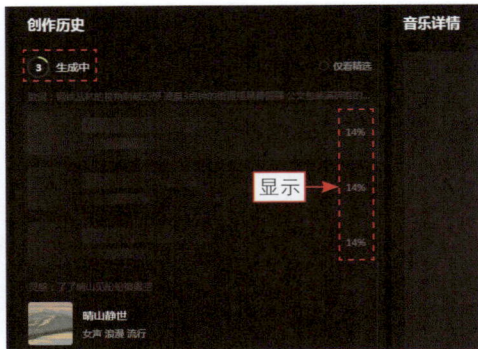

图 5-9　显示创作进度

步骤08 如果创作者觉得第3首歌曲不错，❶可以将鼠标指针移至歌曲右侧的 ☁ 按钮上；❷在弹出的列表中，选择"下载视频"选项，如图5-11所示，即可下载对应歌曲的歌词视频。

图 5-10　单击相应的按钮

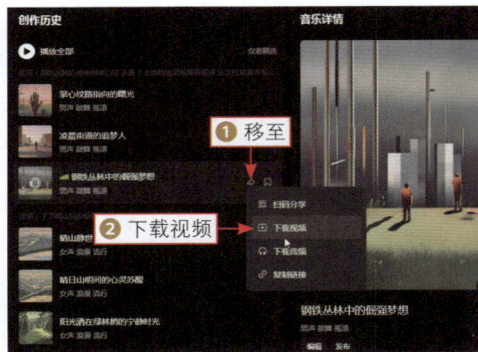

图 5-11　选择"下载视频"选项

5.1.4　生成角色专属音乐

【效果展示】角色专属音乐是为特定人物量身定制的旋律或动机片段，常在角色出场、重要转折或情绪爆发时使用。它能强化角色的性格特征、心理变化，帮助观众快速建立情感连接。创作者可以先生成需要的歌词，再在海绵音乐中用歌词创作角色专属音乐，效果如图5-12所示。

扫码看教学视频

图 5-12　效果展示

下面介绍在海绵音乐中生成角色专属音乐的操作方法。

步骤 01 创作者可以在DeepSeek中输入并发送提示词，获得AI创作的歌词，相关提示词和回复内容如下。

👤 提示词

写一首用于短剧男主角的歌曲的歌词。男主是架空世界的游泳运动员，性格阳光、积极向上，他坚持梦想，勇往直前，永不放弃。歌词结构为主歌、桥段和副歌，不超过4段，文字情感热血又带一点细腻。内容需描写他在训练、比赛、梦想和挑战中的心情，体现汗水与坚持的力量，同时突出"破浪而生""前行"等意象。不要出现真实地名或品牌名。整体风格青春励志，情绪饱满有冲劲。

🐋 DeepSeek

《破浪而生》
【主歌】
夜色低垂，心仍在游走
那片水面藏着我所有梦
没有掌声，也不怕孤勇
一步步跨越命运设下的重重障碍
【桥段】
失败像浪拍打着执着
我在沉默中学会了更多
是水教会我如何不退缩

107

即使无人看见 我也绝不懦弱

【副歌】

......

步骤 02 在海绵音乐的"创作"页面中，❶切换至"自定义写词"选项卡；
❷粘贴AI生成的歌词内容，如图5-13所示。

步骤 03 设置"曲风"为"摇滚"、"心情"为"兴奋"、"类型"为"男声"，
如图5-14所示，设置音乐的生成参数。

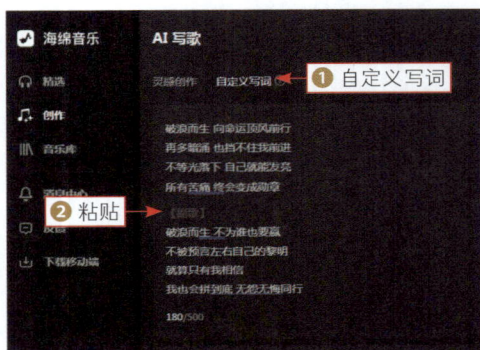

图 5-13　粘贴歌词内容　　　　　　图 5-14　设置生成参数

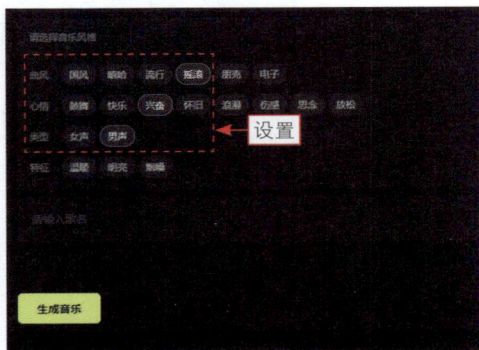

步骤 04 单击"生成音乐"按钮，让AI生成对应的3首歌曲，❶单击第3首歌
曲封面上的▶按钮，试听该歌曲；❷将鼠标指针移至歌曲右侧的↗按钮上；❸在
弹出的列表中，选择"下载视频"选项，如图5-15所示，即可下载对应歌曲的歌
词视频。

图 5-15　选择"下载视频"选项

5.1.5　生成情节插曲

【效果展示】情节插曲主要服务于关键剧情节点，如情感升温、冲突爆发和秘密揭晓等，强化故事节奏与情绪波动。它通常与画面同步推进，潜移默化地引导观众情绪。利用海绵音乐的"AI写词"功能，创作者可以一站式完成歌词和歌曲的创作，效果如图5-16所示。

扫码看教学视频

图 5-16　效果展示

下面介绍在海绵音乐中生成情节插曲的操作方法。

步骤 01 在海绵音乐的"创作"页面中，单击文本框右下角的"AI写词"按钮，如图5-17所示，即可进入"AI写词"面板。

步骤 02 ❶输入提示词，告知AI对歌词的要求；❷单击 按钮，如图5-18所示，即可发送提示词，获得AI生成的歌词。

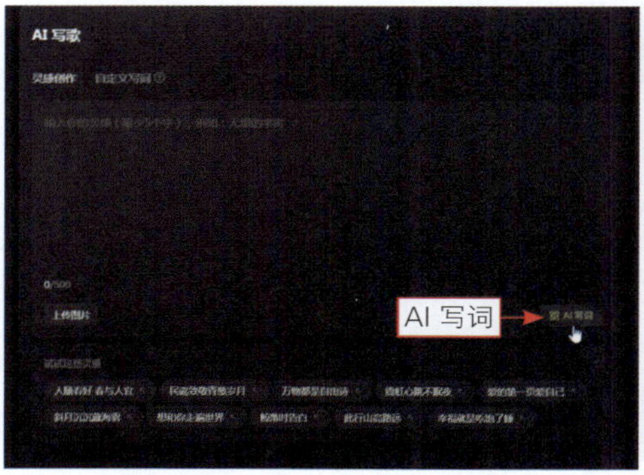

图 5-17　单击"AI 写词"按钮

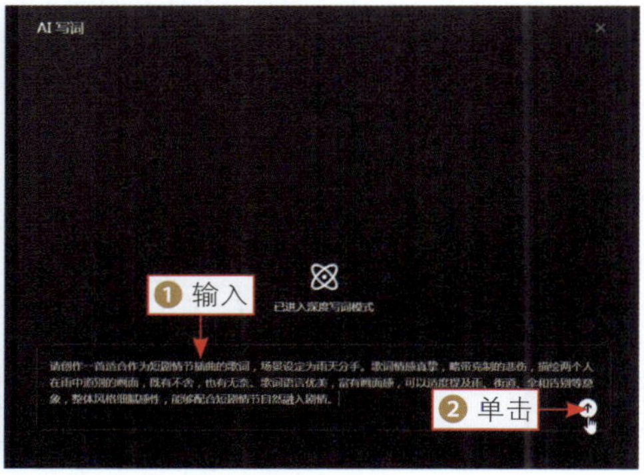

图 5-18　单击相应的按钮

步骤 **03** 单击生成的歌词下方的"设置风格"按钮，如图5-19所示。

步骤 **04** 在弹出的"设置风格"面板中，❶设置合适的参数；❷单击"完成"按钮，如图5-20所示，即可保存设置的歌曲风格。

图 5-19　单击"设置风格"按钮　　　　图 5-20　单击"完成"按钮

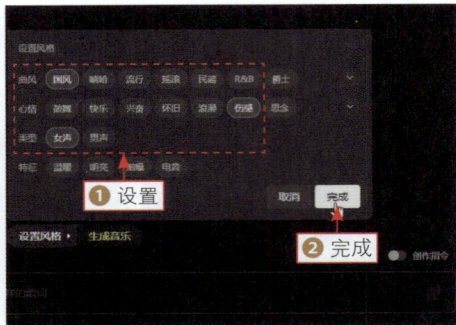

步骤 **05** 单击"生成音乐"按钮，让AI生成3首歌曲，❶单击第2首歌曲封面上的▶按钮，试听该歌曲；❷将鼠标指针移至歌曲右侧的☆按钮上；❸在弹出的列表中，选择"下载视频"选项，如图5-21所示，即可将第2首歌曲下载到本地文件夹中。

图 5-21　选择"下载视频"选项

☆ 专家提醒 ☆

在海绵音乐中，AI在生成歌词的同时，会自动设置一些风格参数，创作者可以在"设置风格"面板中对AI设置的参数进行调整。

5.1.6　生成短剧推广曲

【效果展示】短剧推广曲主要用于预告片、花絮、短视频宣传等二次传播场景，需要具备强烈的情绪渲染力和传播记忆点。它通常节奏明快、情感外放，能够迅速吸引观众的注意并激发分享欲。在海绵

扫码看教学视频

音乐中，创作者可以使用灵感，直接生成需要的歌曲，效果如图5-22所示。

下面介绍在海绵音乐中生成短剧推广曲的操作方法。

步骤01 在"创作"页面的"灵感创作"选项卡中，输入创作灵感，如图5-23所示，告知AI自己对歌曲的要求。

步骤02 单击"生成音乐"按钮，如图5-24所示，即可让AI生成对应的3首歌曲。

图 5-22　效果展示

图 5-23　输入创作灵感

图 5-24　单击"生成音乐"按钮

步骤03 ❶单击第3首歌曲封面上的▶按钮，试听该歌曲；❷将鼠标指针移至歌曲右侧的按钮上；❸在弹出的列表中，选择"下载视频"选项，如图5-25所示，即可将第3首歌曲下载到本地文件夹中。

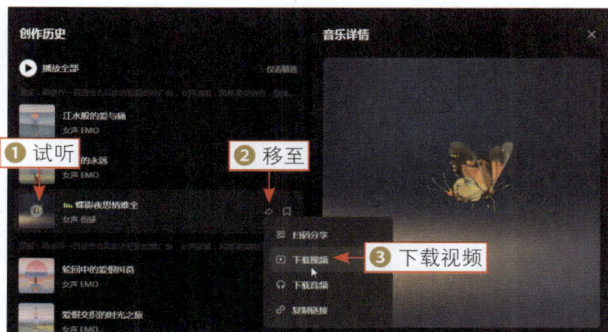

图 5-25　选择"下载视频"选项

5.1.7 生成氛围纯音乐

氛围纯音乐是一种无明显旋律主线、以情绪渲染为主的背景音乐，广泛应用于环境铺垫、过场衔接和无对白镜头等场合。它通过音色、节奏与氛围变化，细腻地强化画面质感与叙事情绪。特别是在短剧的快节奏切换中，氛围音乐可以无声地连接场景，提升整体观看体验。

创作者可以利用海绵音乐生成不同情绪向的纯音乐，为短剧赋予更强的空间感与沉浸感。此外，在海绵音乐中，创作者可以将生成的音乐以音频文件格式进行下载，更方便后期使用。下面介绍在海绵音乐中生成氛围纯音乐的操作方法。

步骤01 在"创作"页面的"灵感创作"选项卡中，输入创作灵感，如图5-26所示，告知AI自己对纯音乐的要求。

步骤02 单击"纯音乐"左侧的●按钮，如图5-27所示，开启纯音乐生成模式。

图 5-26　输入创作灵感　　　　图 5-27　单击相应的按钮

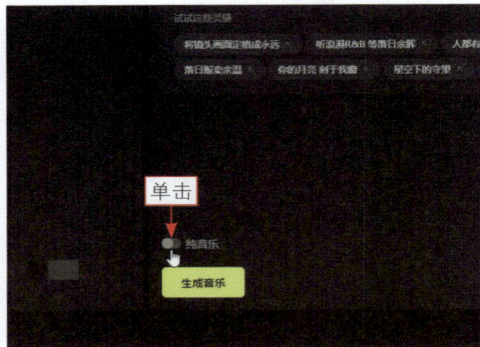

步骤03 单击"生成音乐"按钮，让AI生成3首氛围纯音乐，❶单击第3首纯音乐封面上的▶按钮，试听该音乐；❷将鼠标指针移至纯音乐右侧的按钮上；❸在弹出的列表中，选择"下载音频"选项，如图5-28所示，即可将第3首纯音乐下载到本地文件夹中。

图 5-28　选择"下载音频"选项

5.2　使用天谱乐生成不同题材的主题曲

不同题材的短剧，对配乐的风格、情绪和叙事节奏有着极高的个性化要求。天谱乐以专业的音乐模型与题材适配能力，支持创作者为古风权谋、现代甜宠、科幻冒险、奇幻武侠和青春校园等不同类型的短剧，定制出更契合故事氛围的主题曲。本节将围绕各类题材的特点，探索如何用AI生成既符合叙事需要，又具有辨识度的短剧专属音乐。

5.2.1　认识天谱乐

天谱乐是由趣丸科技唱鸭团队自主研发的全球首个多模态音乐生成大模型，融合旋律创作、歌词编写与伴奏制作于一体，支持不同风格和场景的音乐定制。凭借对旋律与语言的深度理解，天谱乐为短剧提供了高效、个性化的音乐创作解决方案。图5-29所示为天谱乐的"首页"页面。

扫码看教学视频

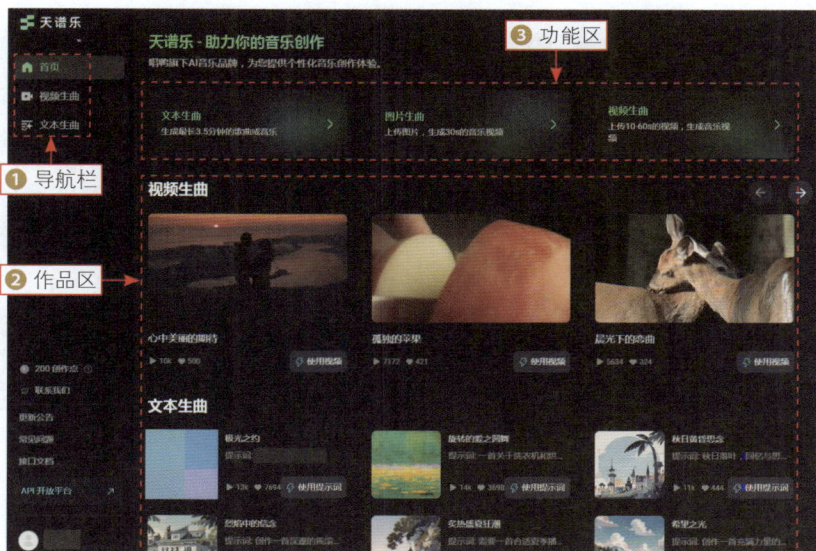

图 5-29　天谱乐的"首页"页面

下面对天谱乐"首页"页面的组成部分进行讲解。

❶ 导航栏：该区域展示了天谱乐的主要功能，其中"视频生曲"和"文本生曲"是主要的创作功能。

❷ 作品区：该区域分为"视频生曲"和"文本生曲"两个板块，都展示了其他创作者生成的歌曲，并且都支持创作者使用同款视频或提示词进行生成。

❸ 功能区：该区域显示了天谱乐的主要生成方式，即使用文本、图片和视频生成音乐，单击相应的按钮，即可进入对应的页面进行创作。

5.2.2 生成古风权谋短剧的主题曲

【效果展示】古风权谋短剧的主题曲，承载着故事气质的核心张力。它不仅要描绘出恢宏的时代背景，还要在旋律与歌词中交织出权力斗争下的人性挣扎。因此，主题曲通常以大气而沉郁的基调展开，通过起伏的旋律和富有暗示性的歌词，暗藏忠义与背叛、家国与宿命的复杂情感，使观众在听觉中提前感知剧情的沉重氛围，提升整体叙事张力。在天谱乐中生成古风权谋短剧主题曲的效果如图5-30所示。

扫码看教学视频

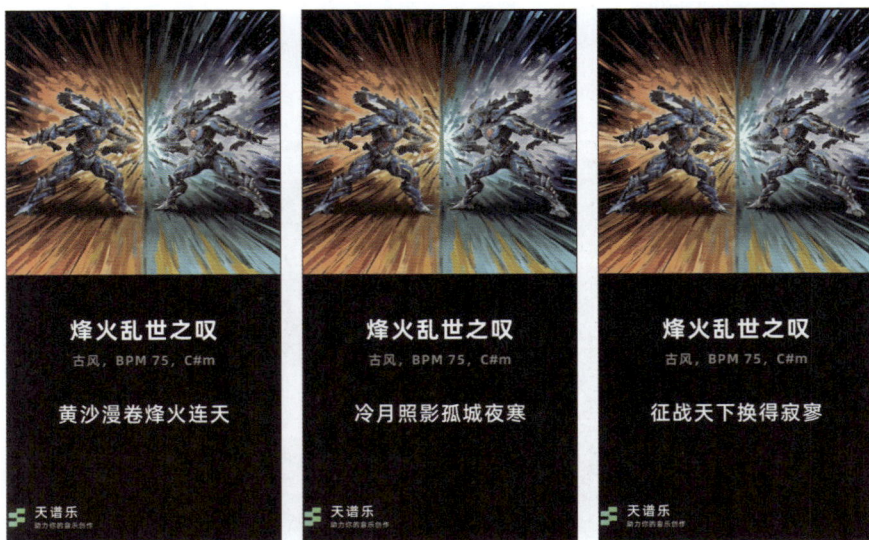

图 5-30　效果展示

下面介绍在天谱乐中生成古风权谋短剧主题曲的操作方法。

步骤 01 进入天谱乐的"首页"页面，在左侧的导航栏中，单击"文本生曲"按钮，如图5-31所示，进入"文本生曲"页面。

步骤 02 在"歌曲"选项卡的"描述你对音乐的期望"文本框中，输入提示词，如图5-32所示，告知AI创作者对音乐的要求。

步骤 03 单击"开始生成"按钮，即可开始生成两首歌曲，效果如图5-33所示。

步骤 04 生成结束后，选择其中一首感兴趣的歌曲，进入歌曲详情页面，单击歌曲封面图上的 ▶ 按钮，如图5-34所示，即可试听歌曲。

图 5-31　单击"文本生曲"按钮

图 5-32　输入提示词

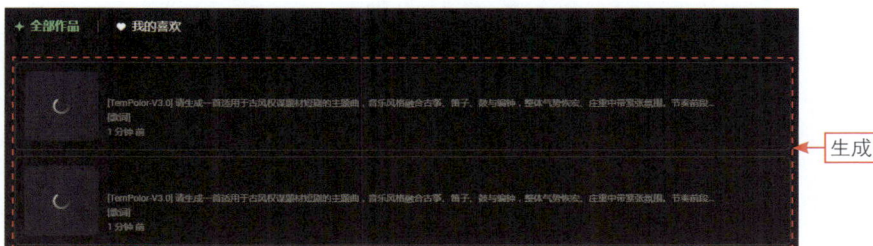

图 5-33　同时生成两首歌曲

步骤 05 如果创作者觉得生成的音乐不错，❶可以单击⬇按钮；❷在弹出的列表中，选择"下载视频"选项，如图5-35所示，即可将对应歌曲的视频下载到本地文件夹中。

图 5-34　单击相应的按钮

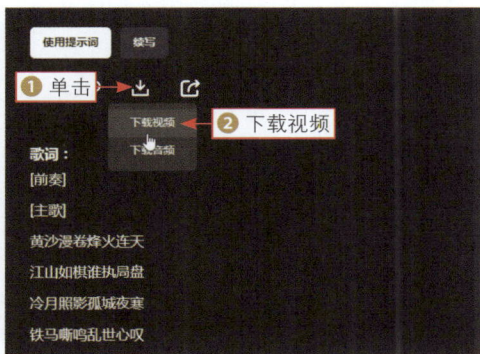

图 5-35　选择"下载视频"选项

☆ 专家提醒 ☆

在天谱乐中，创作者在使用"文本生曲"功能创作歌曲时，AI也会为生成的歌曲随机生成封面图片，但是这些图片和歌曲的主题或内容不一定相关，并且无法重新生成或替换为其他图片。

5.2.3 生成现代甜宠短剧的主题曲

【效果展示】现代甜宠短剧的主题曲通常以轻快、明朗的旋律打动人心，强调爱情中的甜美感和生活气息。这样的歌曲需要营造出温暖、轻盈的氛围，使观众一听便能感受到轻松愉悦的情绪流动。使用天谱乐生成现代甜宠短剧主题曲的效果如图5-36所示。

图 5-36 效果展示

下面介绍在天谱乐中生成现代甜宠短剧主题曲的操作方法。

步骤 01 在"文本生曲"页面的"歌曲"选项卡中，单击"专家模式"左侧的⬤按钮，如图5-37所示，即可进入"专家模式"，该模式支持创作者输入歌词或先生成歌词，再进行歌曲的创作。

步骤 02 在"歌词"文本框中，输入准备好的歌词内容，如图5-38所示。

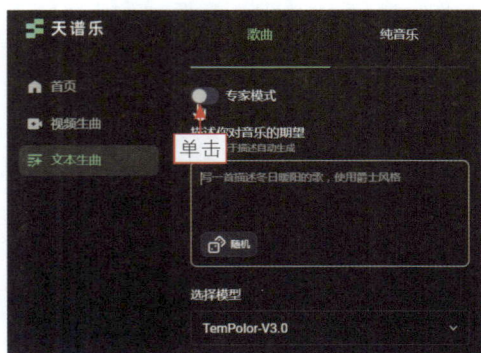

图 5-37 单击相应按钮

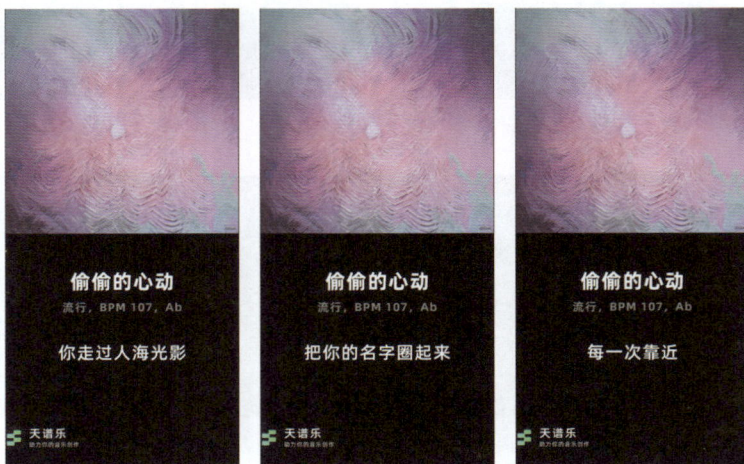

图 5-38 输入歌词内容

步骤 03 在"音乐提示"下方的文本框中，❶输入提示词，告知AI需要的音乐风格；❷单击"开始生成"按钮，如图5-39所示，即可生成两首歌曲。

步骤 04 在"全部作品"面板中，选择第2首歌曲并进行试听。如果创作者觉得生成的歌曲不错，❶可以单击⬇按钮；❷在弹出的列表中，选择"下载视频"选项，如图5-40所示，即可将对应歌曲的视频下载到本地文件夹中。

图 5-39 单击"开始生成"按钮

图 5-40 选择"下载视频"选项

5.2.4 生成科幻冒险短剧的主题曲

【效果展示】科幻冒险短剧的主题曲，需要展现出宏大的未来感与紧张的探索气息。旋律往往富有科技感和节奏感，通过电子音效、强烈的节奏与变幻旋律，传递未知世界的神秘与刺激。歌词则应描绘冒险旅程、信念挑战与未来的梦想，使观众在音乐中感受探索的激情和危机四伏的紧迫感。使用天谱乐生成科幻冒险短剧主题曲的效果如图5-41所示。

下面介绍在天谱乐中生成科幻冒险短剧主题曲的操作方法。

步骤 01 在"文本生曲"页面的"歌曲"选项卡中，单击"专家模式"左侧的⬤按钮，如图5-42所示，即可进入"专家模式"。

扫码看教学视频

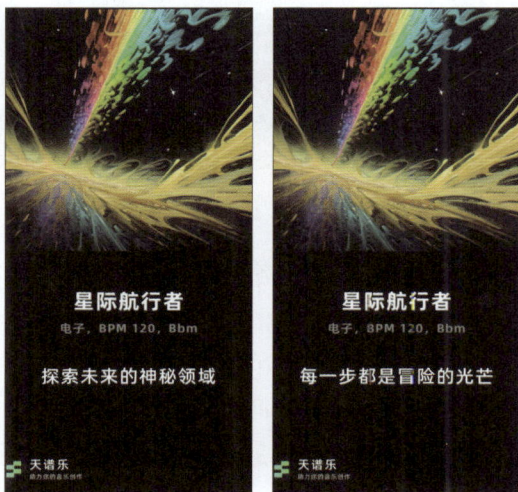

图 5-41 效果展示

117

步骤 02 在"歌词"文本框中，❶输入提示词，告知AI需要的歌词内容；❷单击"生成歌词"按钮，如图5-43所示。

图 5-42　单击相应按钮（1）　　　　　　图 5-43　单击"生成歌词"按钮

步骤 03 稍等片刻，即可让AI根据提示词生成合适的歌词，如图5-44所示。

步骤 04 在"音乐提示"板块，单击"风格"右侧的下拉按钮，如图5-45所示，展开"风格"选项区。

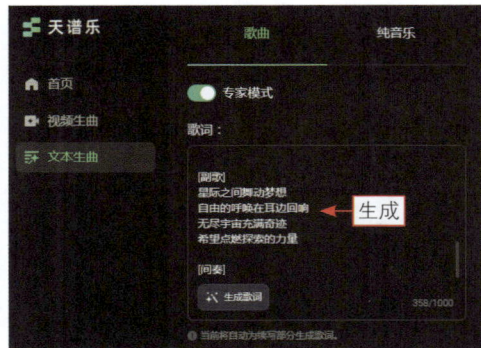

图 5-44　生成的歌词效果　　　　　　图 5-45　单击相应按钮（2）

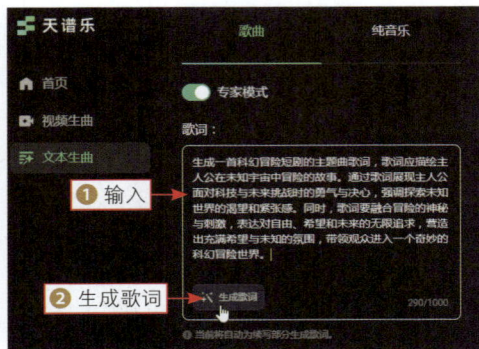

步骤 05 在"风格"选项区中，选择"电子"标签，如图5-46所示，即可将其自动填入提示文本框，让AI生成电子风格的主题曲。

步骤 06 单击"开始生成"按钮，生成两首对应的歌曲。选择其中一首歌曲，进入歌曲详情页面，单击歌曲封面图上的按钮，进行试听，如果创作者觉得生成的歌曲不错，❶可以单击按钮；❷在弹出的列表中，选择"下载视频"选项，如图5-47所示，即可将对应歌曲的视频下载到本地文件夹中。

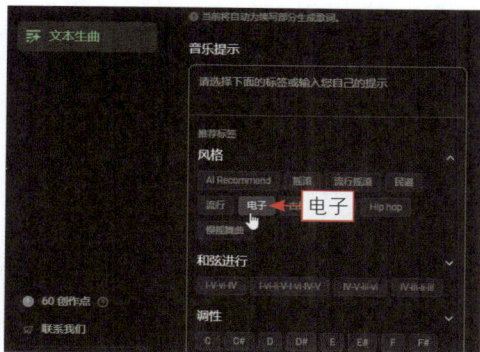

图 5-46　选择"电子"标签

图 5-47　选择"下载视频"选项

5.2.5　生成奇幻武侠短剧的主题曲

【效果展示】奇幻武侠短剧的主题曲需要确立一种沉浸式的奇幻氛围，才能帮助观众迅速进入剧情。随着刀光剑影与异世设定的交织，旋律不仅要渲染紧张激烈的冲突感，还需要留出足够的空间表现人物的情感起伏。为了承载这样的剧情复杂度，歌词往往围绕侠义、宿命与自我追寻展开，既映照角色的内心矛盾，又推动情节层层递进。使用天谱乐生成奇幻武侠短剧主题曲的效果如图5-48所示。

扫码看教学视频

图 5-48　效果展示

下面介绍在天谱乐中生成奇幻武侠短剧主题曲的操作方法。

步骤 01 在DeepSeek中输入并发送提示词，即可获得AI创作的歌词，相关提示词和回复内容如下。

👤 提示词

生成一首奇幻武侠短剧的主题曲歌词，采用主歌、副歌和桥段的完整结构。歌词应描绘主人公在奇幻江湖中经历磨难、追寻自由与正义的旅程。通过细腻的情感描写，展现刀光剑影下的忠义冲突与宿命抗争，突出英雄内心的孤独与执着。整体情感起伏跌宕，既有豪情壮志，又有细腻柔情，营造出一个奇幻而深沉的武侠世界。

🐋 DeepSeek

《剑影天涯梦》
【主歌】
孤身踏入这奇幻江湖
风卷残云，前路迷雾
背负着宿命，无人倾诉
【桥段】
听 风声在耳边呼啸
像命运的嘲笑
看，剑光划破了云霄
能否斩断这纷扰
【主歌】
与邪恶交锋，生死角逐
江湖险恶，人心似鬼似狐
在这宿命的漩涡中努力挣脱
……

步骤 02 在同一个对话页面中，继续输入并发送提示词，即可获得AI生成的音乐提示，相关提示词和回复内容如下。

👤 提示词

请为这首歌生成一段合适的音乐提示，包含主题曲的音乐风格、节奏特点和适合使用的器乐风格，50字，通顺连贯。

🐋 DeepSeek

这首主题曲融合古风与电子风格，节奏紧凑而富有动感，层次分明。使用古筝、箫等传统乐器与电子合成器、打击乐结合，营造出神秘、奇幻的氛围，体现英雄的孤独与决心。

步骤 03 在天谱乐的"文本生曲"页面中，❶开启"专家模式"；❷在文本框中粘贴生成的歌词，如图5-49所示。

步骤 04 在"音乐提示"下方的文本框中，粘贴生成的音乐提示，如图5-50所示。

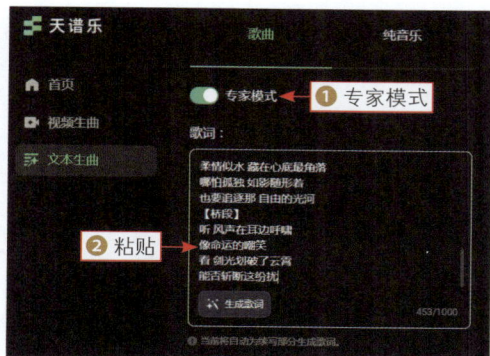

图 5-49　粘贴歌词

图 5-50　粘贴音乐提示

步骤 05 在"选择模型"板块中，❶单击当前模型右侧的下拉按钮 ✓；在弹出的下拉列表中，❷选择TemPolor-V3.5(Beta)选项，如图5-51所示，切换音乐的生成模型，该模型支持生成3分钟以上的歌曲。

步骤 06 单击"开始生成"按钮，生成两首歌曲。选择其中一首歌曲，进入歌曲详情页面，单击歌曲封面图上的 ▷ 按钮，进行试听。如果创作者觉得生成的歌曲不错，❶可以单击 ⬇ 按钮；❷在弹出的列表中，选择"下载视频"选项，如图5-52所示，即可将对应歌曲的视频下载到本地文件夹中。

图 5-51　选择 TemPolor-V3.5(Beta) 选项

图 5-52　选择"下载视频"选项

5.2.6　生成青春校园短剧的主题曲

【效果展示】青春校园短剧的主题曲，通常承载着成长、梦想与友情的情感主线。这类歌曲的旋律应轻快且富有感染力，歌词则需描绘少年的蓬勃朝气与内心的微妙变化。通过明亮又不失细腻的音乐氛围，主题曲为短剧铺垫出既真实又充满希望的青春底色。使用天谱乐生成青春校园短剧主题曲的效果如图5-53所示。

扫码看教学视频

图5-53　效果展示

下面介绍在天谱乐中生成青春校园短剧主题曲的操作方法。

步骤01　在"歌曲"选项卡中，❶打开"专家模式"；❷输入提示词；❸单击"生成歌词"按钮，如图5-54所示。

步骤02　执行操作后，即可生成对应的歌词内容，如图5-55所示。

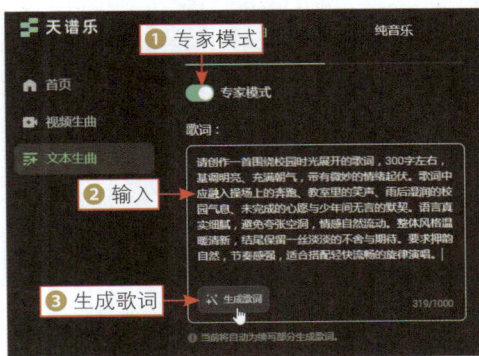

图5-54　单击"生成歌词"按钮

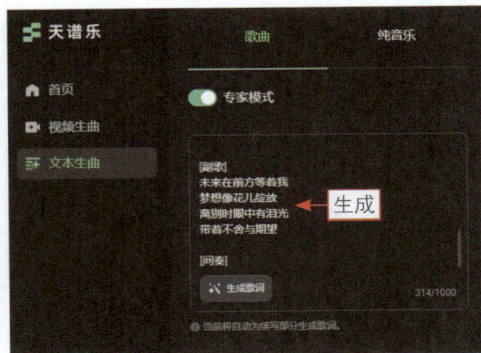

图5-55　生成对应的歌词内容

步骤 03 ❶在"音乐提示"文本框中输入对应的提示词；❷单击"开始生成"按钮，如图5-56所示，即可生成两首歌曲。

步骤 04 选择其中一首歌曲，进入歌曲详情页面，单击歌曲封面图上的 按钮，进行试听。如果创作者觉得生成的歌曲不错，❶可以单击 按钮；❷在弹出的列表中，选择"下载视频"选项，如图5-57所示，即可将对应歌曲的视频下载到本地文件夹中。

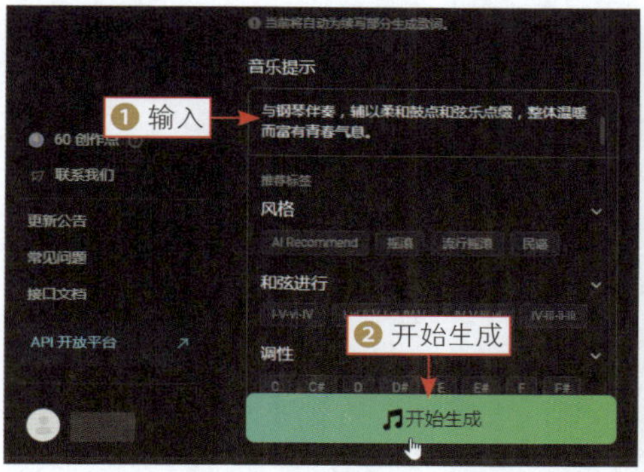

图 5-56　单击"开始生成"按钮

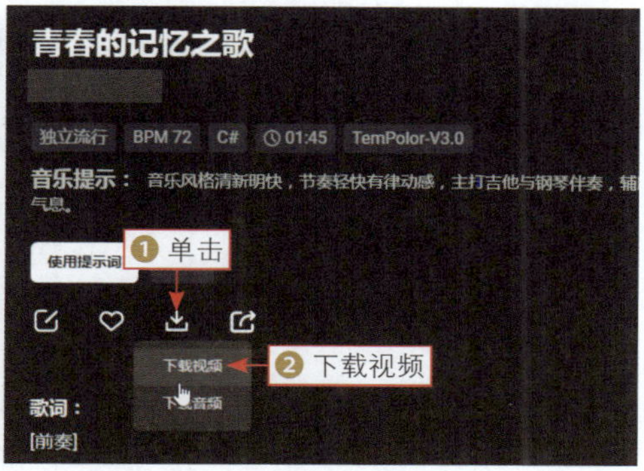

图 5-57　选择"下载视频"选项

☆ 专 家 提 醒 ☆

不管是在海绵音乐还是在天谱乐中，创作者完成歌曲的生成后，可以根据需要选择合适的形式进行下载。例如，音频文件比较方便创作者使用歌曲并进行后期剪辑；视频文件则比较适合创作者向团队的其他成员展示歌词内容。

本章小结

本章首先介绍了海绵音乐的网页版与手机版功能，讲解了如何根据短剧制作需求，生成主题曲、角色专属音乐、情节插曲、推广曲及氛围纯音乐，全面提升短剧的音乐表现力。然后介绍了天谱乐的使用方法，围绕古风权谋、现代甜宠、科幻冒险、奇幻武侠和青春校园等不同题材，指导生成契合剧情风格的主题歌曲，为短剧整体氛围塑造提供有力支持。

课后实训

鉴于本章知识的重要性，为了帮助读者更好地掌握所学知识，本节将通过课后实训，帮助读者进行简单的知识回顾和补充。

扫码看教学视频

【实训任务】请使用海绵音乐的"AI写词"功能为一首现代甜宠短剧的主题曲生成歌词，并使用歌词生成合适的主题曲，效果如图5-58所示。

图 5-58　效果展示

下面介绍使用海绵音乐生成现代甜宠短剧主题曲的操作方法。

步骤01 在海绵音乐中，❶切换至"创作"页面；❷在"灵感创作"选项卡的文本框中，单击右下角的"AI写词"按钮，如图5-59所示。

步骤02 进入"AI写词"面板，❶输入提示词；❷单击⬆按钮，如图5-60所示，即可生成对应的歌词。

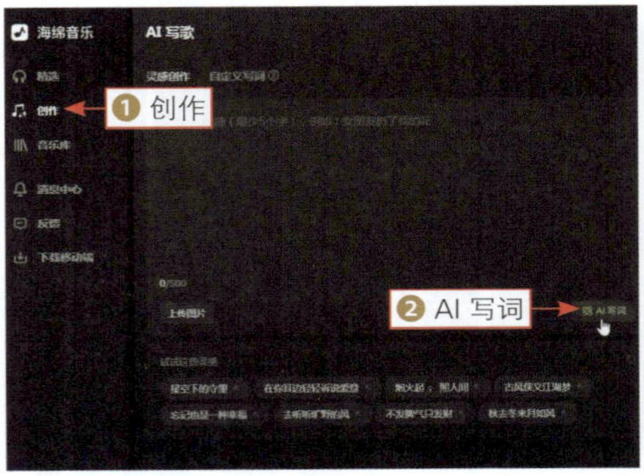

图 5-59　单击"AI写词"按钮

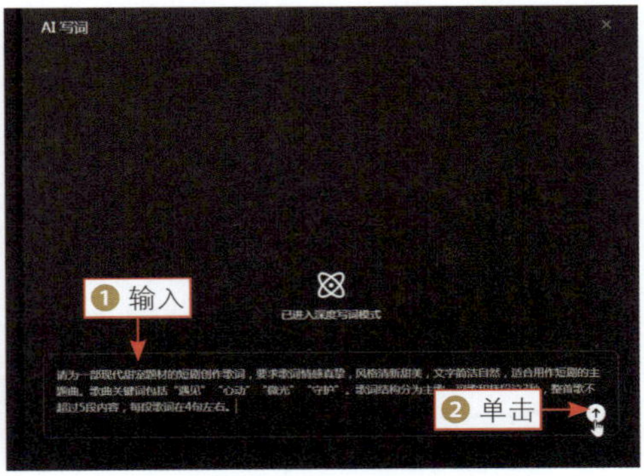

图 5-60　单击相应按钮

步骤03 在歌词下方，单击"设置风格"按钮，如图5-61所示。

步骤 04 在弹出的"设置风格"面板中，❶设置相应的参数；❷单击"完成"按钮，如图5-62所示，即可保存设置的音乐风格参数。

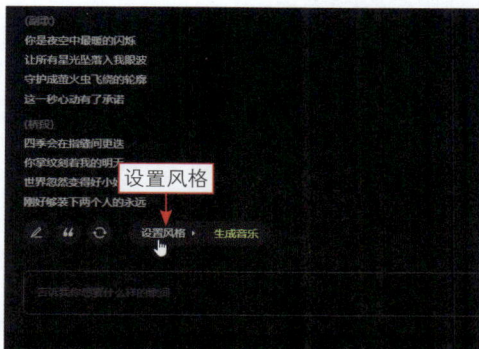

图 5-61 单击"设置风格"按钮

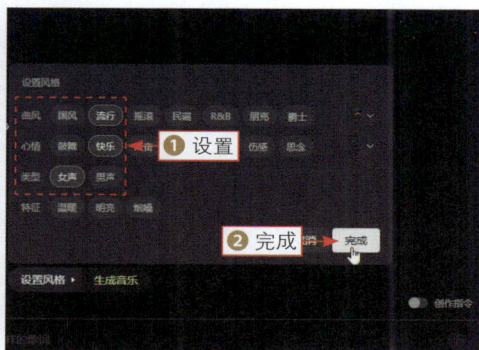

图 5-62 单击"完成"按钮

步骤 05 单击"生成音乐"按钮，如图5-63所示，即可生成3首对应的歌曲。

步骤 06 ❶单击第3首歌曲封面上的▶按钮，试听该歌曲；❷将鼠标指针移至歌曲右侧的按钮上；❸在弹出的列表中，选择"下载视频"选项，如图5-64所示，即可将第3首歌曲下载到本地文件夹中。

图 5-63 单击"生成音乐"按钮

图 5-64 选择"下载视频"选项

125

第 6 章　后期剪辑实战：剪映智能编辑与成片输出

　　剪辑作为短剧制作的关键环节，不仅决定了作品的节奏和情感传达，也直接影响最终观众的观看体验。本章将围绕剪映在短剧后期剪辑中的核心功能展开，详细讲解如何使用剪映优化画面表现、处理字幕与音频，以及添加特效并高效导出成片。

6.1　使用剪映优化画面表现

在短剧制作中，画面剪辑是决定故事呈现效果的关键因素之一。本节将重点介绍如何通过剪映的智能功能高效处理画面，包括智能镜头分割、智能调色和色彩校正等技术。这些功能不仅能节省大量手动操作的时间，还能确保画面质量达到专业水准，帮助创作者轻松实现高质量的视觉效果。

6.1.1　安装和登录剪映电脑版

剪映是由字节跳动公司推出的一款智能视频编辑软件，凭借其强大的AI剪辑功能，能够大幅提升短剧制作的效率和质量，使创作者能够专注于创意表达，快速完成从素材整理到成片输出的整个流程。如果创作者想在电脑上使用剪映，就要先完成剪映专业版（即剪映电脑版）的安装和登录，具体操作方法如下。

扫码看教学视频

步骤01 在浏览器中输入并搜索"剪映官网"，在搜索结果中单击官网链接，进入剪映专业版页面，单击页面中的"立即下载"按钮，如图6-1所示，即可下载一个软件安装器。

步骤02 在软件安装器上单击鼠标右键，在弹出的快捷菜单中选择"打开"命令，即可弹出"剪映专业版下载安装"对话框，开始安装剪映专业版，并显示安装进度，如图6-2所示。

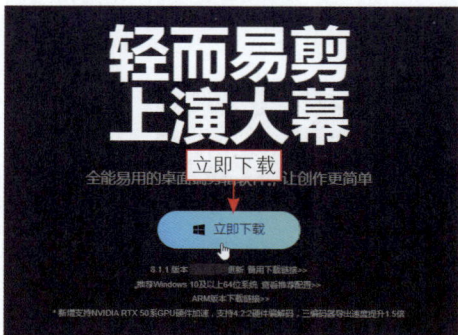

图 6-1　单击"立即下载"按钮

图 6-2　显示安装进度

步骤03 安装完成后，软件会自动进行环境检测，检测无误后单击对话框中的"确定"按钮，即可进入剪映专业版的"首页"界面，单击界面左上角的"点击登录账户"按钮，如图6-3所示。

步骤04 弹出"登录"对话框，❶选中对话框底部的复选框；❷单击"手机端扫码登录"按钮，如图6-4所示。

图 6-3　单击"点击登录账户"按钮

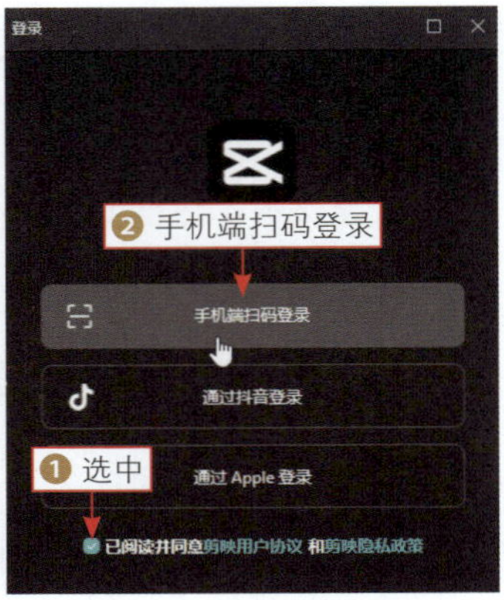

图 6-4　单击"手机端扫码登录"
按钮

步骤05 执行操作后，"登录"对话框中会显示对应的二维码和操作提示，如图6-5所示，创作者根据提示完成登录后，即可返回"首页"界面。

步骤06 在"首页"界面中，单击"开始创作"按钮，如图6-6所示。

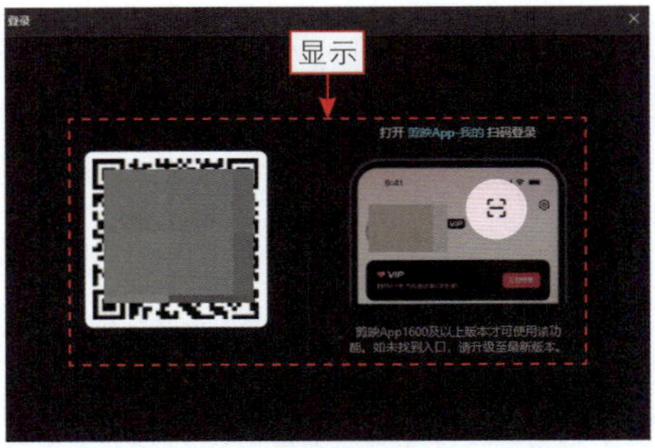

图 6-5　显示对应的二维码和操作提示

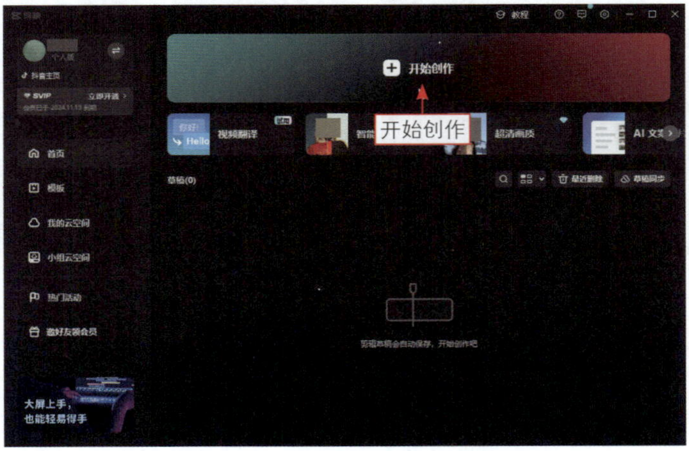

图 6-6　单击"开始创作"按钮

步骤 07 执行操作后，即可进入剪映专业版的视频编辑界面，导入素材后的界面组成如图6-7所示。

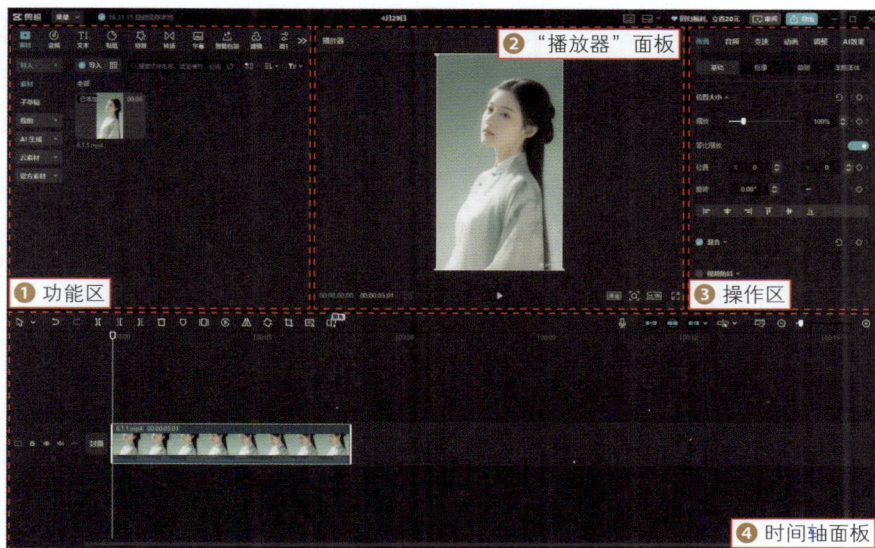

图 6-7 剪映专业版的视频编辑界面组成

☆ 专 家 提 醒 ☆

正常情况下，创作者单击"开始创作"按钮后，会新建一个草稿，并进入空白的视频编辑界面。这里为了更好地介绍视频编辑界面的组成，导入了一段视频素材，具体导入方法会在后面的操作中进行介绍。

下面对剪映专业版视频编辑界面的组成部分进行相关讲解。

❶ 功能区：功能区包括剪映的素材、音频、文本、贴纸、特效、转场、字幕、智能包装、滤镜、调节、模板和数字人12大功能模块。

❷ "播放器"面板：在该面板中，创作者可以查看素材的画面效果；单击▶按钮，即可在预览窗口中播放视频；单击"比例"按钮，在弹出的列表中选择相应的画布尺寸比例，可以调整视频的画面尺寸大小。

❸ 操作区：操作区中提供了画面、音频、变速、动画、调整和AI效果等功能，当创作者选择轨道上的素材后，操作区就会显示各种功能按钮。另外，当创作者导入不同格式的素材时，操作区中的功能也会有所不同。

❹ 时间轴面板：该面板提供了选择、撤销、恢复、分割、删除、添加标记、定格、倒放、镜像、旋转及调整大小等常用剪辑功能，当创作者将素材添加或拖曳至该面板中时，会自动生成相应的轨道。

6.1.2 了解剪映手机版

剪映手机版作为一款面向大众创作者的视频编辑工具，以操作简单、功能全面著称，特别适合创作者在移动端进行快速剪辑与处理，为短剧制作提供灵活便捷的移动化解决方案。图6-8所示为剪映手机版的视频编辑界面。

图 6-8 剪映手机版的视频编辑界面

下面对剪映手机版视频编辑界面的组成部分进行讲解。

❶ 预览窗口：在该区域中，创作者可以查看素材画面、时间轴所在的位置和素材总时长。

❷ 时间轴区域：在该区域中，创作者可以添加和选择素材，并对素材的原声和封面进行编辑。另外，拖曳时间轴，创作者可以查看不同时间刻度下的素材内容。

❸ 工具栏：这里展示了创作者对素材进行编辑处理的所有工具，点击不同的按钮还可以显示对应的工具栏，进行具体的编辑。例如，点击"剪辑"按钮，可以显示剪辑工具栏，对素材进行剪辑操作；点击"音频"按钮，可以显示音频工具栏，为素材添加音频或对素材的音频进行编辑。

6.1.3 分割镜头提升剪辑效率

【效果展示】借助剪映的"智能镜头分割"功能，创作者无须逐一手动筛选片段，即可快速拆解拍摄素材，以便组合与删除需要的素材，效果如图6-9所示。

扫码看教学视频

图 6-9 效果展示

下面介绍在剪映中分割镜头提升剪辑效率的操作方法。

步骤01 打开剪映专业版，自动进入"首页"界面，单击"开始创作"按钮，进入视频编辑界面，在"素材"功能区的"导入"选项卡中，单击"导入"按钮，如图6-10所示。

步骤02 弹出"请选择媒体资源"对话框，❶选择视频素材；❷单击"打开"按钮，如图6-11所示。

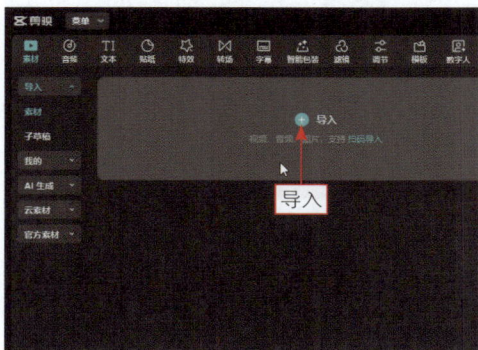

图 6-10 单击"导入"按钮

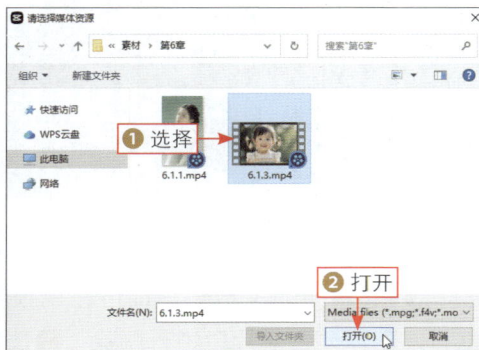

图 6-11 单击"打开"按钮

步骤03 执行操作后，即可将视频素材导入"素材"功能区中，单击视频素材右下角的"添加到轨道"按钮，如图6-12所示。

步骤04 执行操作后，即可将视频素材添加到视频轨道中，在视频素材上单击鼠标右键，在弹出的快捷菜单中选择"分离音频"命令，如图6-13所示，先将视频素材的背景音乐分离出来，避免在调整镜头素材时影响背景音乐的完整性。

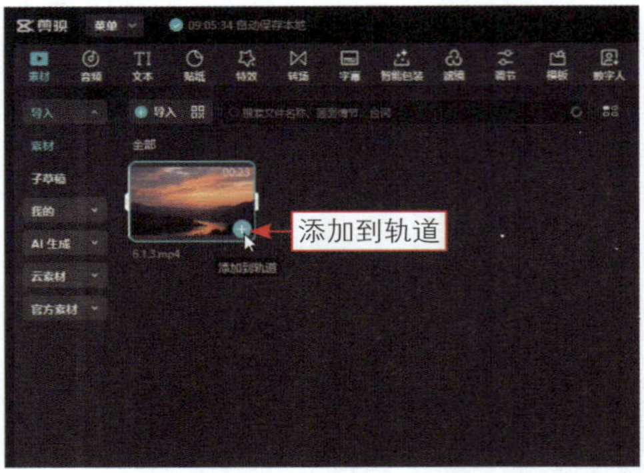

图6-12　单击"添加到轨道"按钮

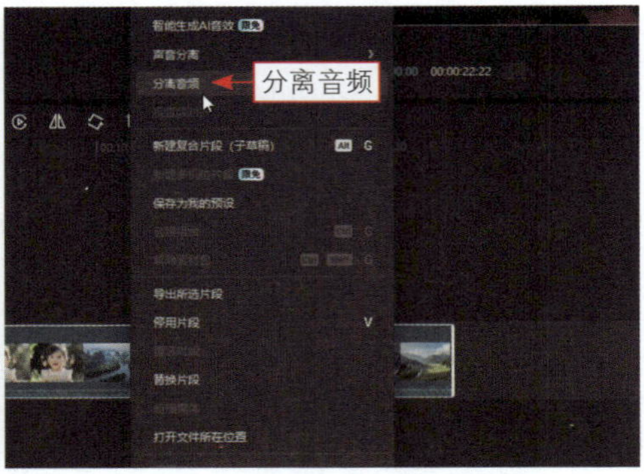

图6-13　选择"分离音频"命令

步骤 05 在视频素材上单击鼠标右键，在弹出的快捷菜单中选择"智能镜头分割"命令，如图6-14所示。

步骤 06 执行操作后，即可自动分割视频素材中的镜头片段，并显示分割的进度，如图6-15所示。

图6-14　选择"智能镜头分割"命令

图6-15　显示分割进度

步骤 07 分割完成后，即可在视频轨道中查看所有镜头片段，创作者可以根据自己的需要，对片段进行删除，❶选择第3个镜头片段；❷在时间轴面板顶部，单击"删除"按钮🗑，如图6-16所示，将其删除。用同样的方法，将第4个镜头片段删除，就可以去除所有人像镜头片段，只留下风景镜头片段。

步骤 08 ❶选择背景音乐；❷按住并拖曳背景音乐右侧的白色拉杆，使其时长与视频的总时长一致，如图6-17所示，即可完成背景音乐的调整。

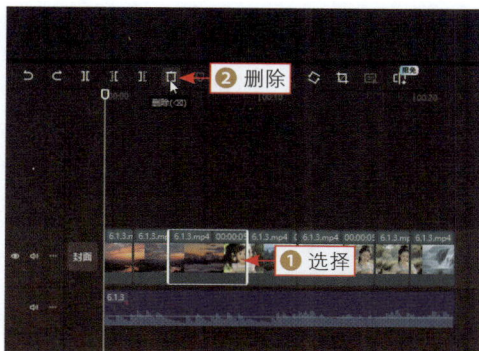

图 6-16　单击"删除"按钮

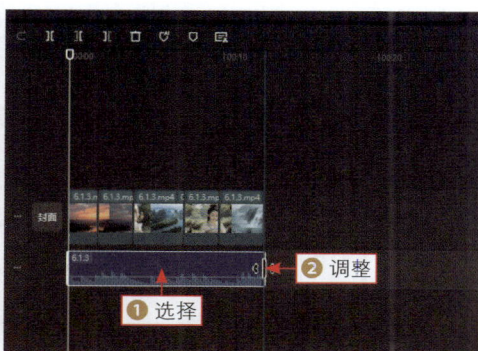

图 6-17　调整背景音乐的时长

☆ 专家提醒 ☆

在视频轨道中，视频素材以缩略条的形式显示，但缩略条显示的内容只是大概。尤其是在分割镜头后，不同镜头片段显示的缩略条可能会出现内容重复的情况，但它们的实际内容是不同的，创作者需要手动查看片段的真实内容。

6.1.4　调整色彩优化画面质感

【效果对比】为了提升画面质量，剪映提供了"智能调色"与"色彩校正"功能，支持一键还原自然色调、精准调节曝光与色温。借助这两个功能，创作者可以快速修复画面偏差，统一色彩风格，素材与效果图对比如图6-18所示。

扫码看教学视频

图 6-18　素材和效果图对比

下面介绍在剪映中调整色彩以优化画面质感的操作方法。

步骤01 在视频编辑界面中，导入一段视频素材，并将其添加到视频轨道中，在"播放器"面板中，创作者可以查看视频的画面内容，❶切换至"调整"操作区；❷在"基础"选项卡中，选中"色彩校正"复选框，如图6-19所示，即可启用该功能，让AI对视频画面的色彩进行修正，使其恢复自然、真实的视觉效果。

图 6-19　选中"色彩校正"复选框

步骤 02 在"基础"选项卡中，❶选中"智能调色"复选框，即可启用该功能，让AI对画面进行基础调色；❷设置"强度"参数为50，如图6-20所示，调整智能调色的强度。

图 6-20　设置"强度"参数

步骤 03 为了让画面更美观，创作者还可以手动调整色彩和明度参数，如设置"色温"参数为–10、"饱和度"参数为10、"亮度"参数为3、"对比度"参数为5、"高光"参数为5、"阴影"参数为–4、"白色"参数为5、"黑色"参数为–3，如图6-21所示，即可营造冷色调氛围，增强画面色彩饱和度与明暗对比，使画面更通透。

☆ 专 家 提 醒 ☆

剪映中的部分功能需要创作者开通 VIP 或 SVIP 服务后才能使用，创作者可以根据自己的需求和实际效果来决定是否开通对应的服务。

图 6-21 设置相应参数

6.2 使用剪映处理字幕与音频

在短剧创作中，字幕与音频不仅是传递信息的载体，更是营造情绪的重要手段。本节将介绍剪映在字幕与音频处理方面的多项智能功能，包括智能生成字幕、识别歌词内容、AI生成音乐和文本朗读配音等。通过这些高效实用的工具，创作者能够精准地控制对白呈现、音乐氛围与声音层次，显著提升短剧的表达力与专业感。

6.2.1 生成字幕强化信息传达

【效果展示】在短剧制作中，字幕不仅可以辅助观众理解剧情，还能增强节奏感与代入感。剪映的"智能字幕"功能可以自动识别语音并同步生成字幕，大幅节省了手动输入与对齐的时间，效果如图6-22所示。

扫码看教学视频

图 6-22 效果展示

135

下面介绍在剪映中生成字幕强化信息传达的操作方法。

步骤01 在视频编辑界面中，导入一段视频素材，并将其添加到视频轨道中，如图6-23所示。

步骤02 ❶单击"文本"按钮，进入"文本"功能区；❷切换至"智能文本"｜"智能字幕"选项卡；❸保持默认设置不变，单击"开始识别"按钮，如图6-24所示。

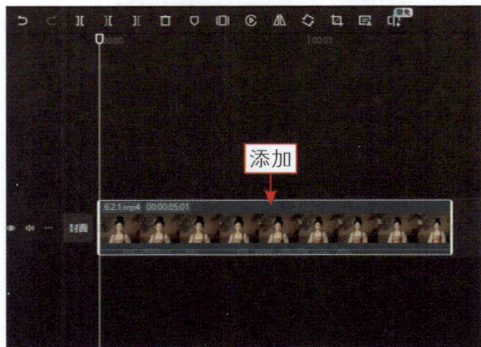

图6-23 将视频素材添加到视频轨道中

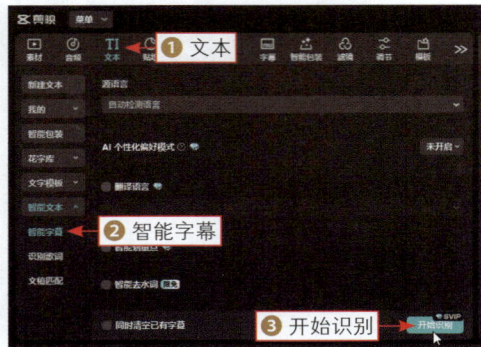

图6-24 单击"开始识别"按钮

步骤03 执行操作后，即可开始识别字幕，识别结束后，会在视频轨道的上方生成对应的字幕，如图6-25所示。

步骤04 在"文本"操作区中，❶设置"字体"为"黑体"，规范字幕的字体；❷设置"字号"参数为8，如图6-26所示，放大字幕。

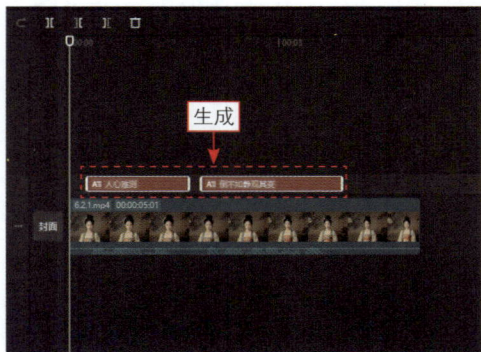

图6-25 生成对应的字幕

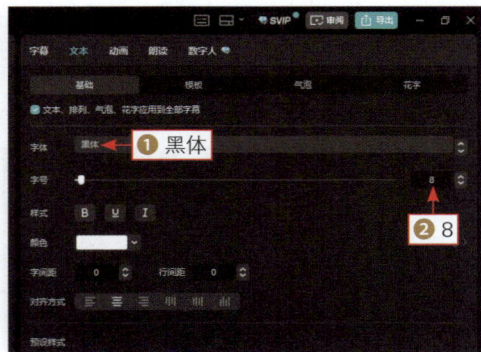

图6-26 设置"字号"参数

步骤05 在"预设样式"选项区中，选择一个合适的字幕样式，如图6-27所示，即可美化字幕。

步骤06 ❶切换至"动画"操作区的"字幕"选项卡；❷选择"渐显渐隐"选项，如图6-28所示，即可为字幕添加渐显渐隐的动画效果，让字幕的出现和消失更自然。

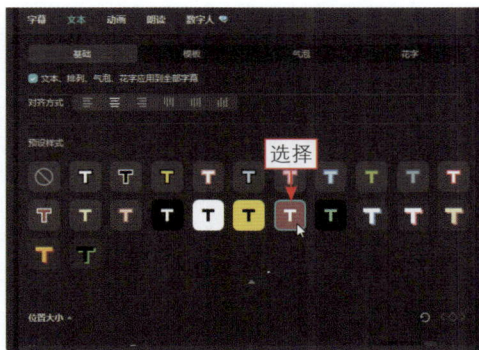

图6-27 选择合适的字幕样式

图6-28 选择"渐显渐隐"选项

6.2.2 识别歌词同步画面节奏

【效果展示】在短剧中，音乐往往与情节发展紧密配合，歌词的呈现能有效引导观众的情绪与节奏感。剪映的"识别歌词"功能可自动分析背景音乐中的歌词内容，并准确生成对应的字幕。创作者还能选择精美的动态效果，让歌词也成为美化画面的元素，效果如图6-29所示。

扫码看教学视频

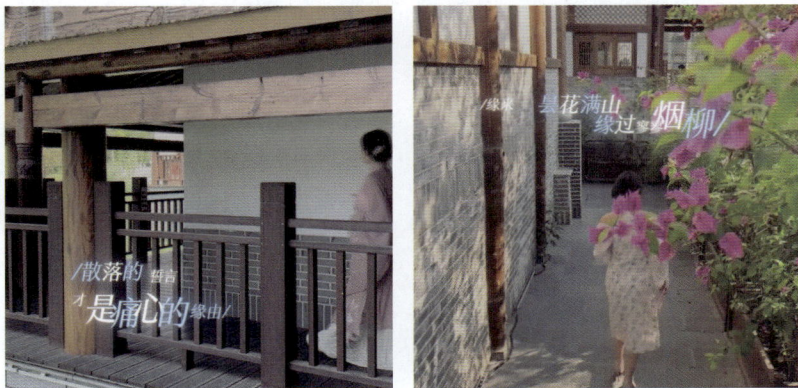

图6-29 效果展示

下面介绍在剪映中识别歌词并与画面节奏同步的操作方法。

步骤01 在视频编辑界面中，导入一段视频素材，并将其添加到视频轨道中，如图6-30所示。

步骤02 ❶单击"文本"按钮，进入"文本"功能区；❷切换至"智能文本"|"识别歌词"选项卡；在"歌词动效"选项区中，❸选择"文艺画报"选项，如图6-31所示，即可为生成的歌词添加精美的动态效果。

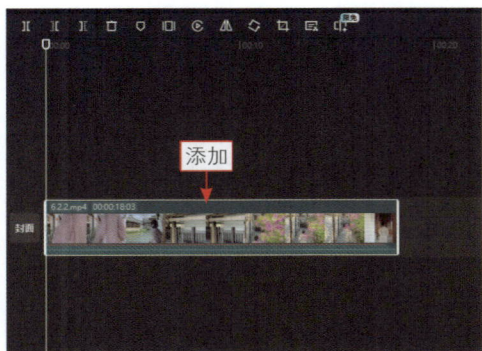

图 6-30　将视频素材添加到视频轨道中

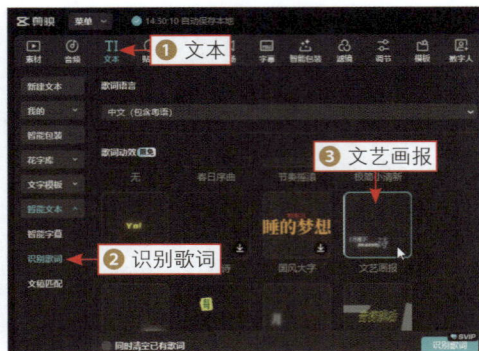

图 6-31　选择"文艺画报"选项

步骤03 单击"识别歌词"按钮，即可开始识别，并显示识别进度，如图6-32所示。

步骤04 识别结束后，会在视频轨道的上方生成对应的字幕，如图6-33所示。

图 6-32　显示识别进度

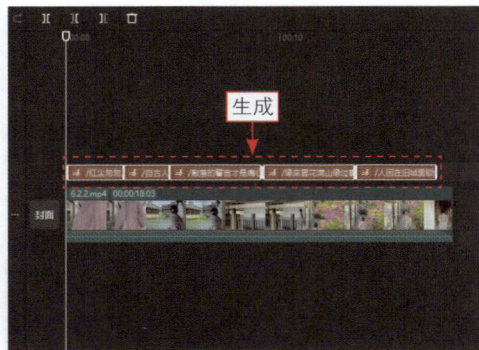

图 6-33　生成对应的字幕

6.2.3　文本朗读生成自然旁白

【效果展示】剪映的"文本朗读"功能可以将文字快速转化为自然流畅的AI语音。在短剧制作中，该功能可以高效地生成旁白，用于补充剧情信息、表达角色情绪或引导观众理解内容，从而大幅提升叙事效率与表现力，视频效果如图6-34所示。

扫码看教学视频

图 6-34 视频效果展示

下面介绍在剪映中使用"文本朗读"功能生成自然旁白的操作方法。

步骤01 在视频编辑界面中，导入一段视频素材，并将其添加到视频轨道中，如图6-35所示。

步骤02 ❶单击"文本"按钮，进入"文本"功能区；在"新建文本"选项卡中，❷单击"默认文本"右下角的"添加到轨道"按钮➕，如图6-36所示，即可添加一段默认文本。

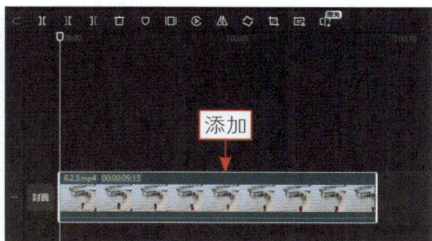

图 6-35 将视频素材添加到视频轨道中

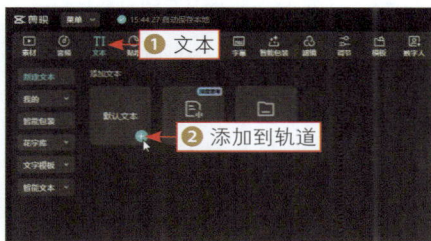

图 6-36 单击"添加到轨道"按钮

步骤03 在"文本"操作区中，输入旁白，如图6-37所示。

步骤04 ❶单击"朗读"按钮，进入"朗读"操作区；❷切换至"文本朗读"|"女声"选项卡；❸选择"深情诉说"选项，如图6-38所示，指定配音音色。

图 6-37 输入旁白

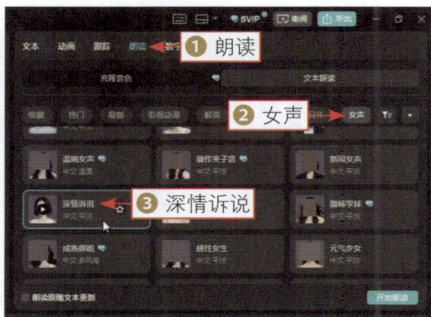

图 6-38 选择"深情诉说"选项

步骤 05 单击"开始朗读"按钮，即可生成对应的旁白音频，如图6-39所示。

步骤 06 删除添加的字幕，将视频素材的时长调整为与音频时长一致，如图6-40所示，即可完成视频旁白的添加。

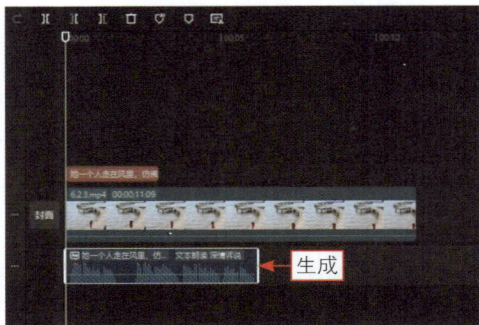

图 6-39　生成对应的旁白音频

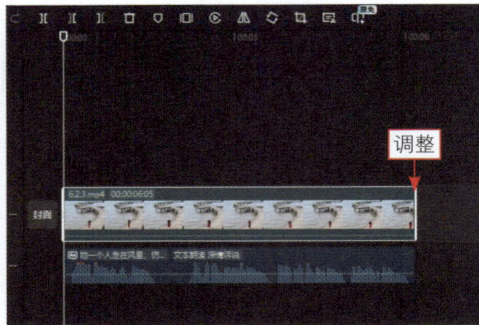

图 6-40　调整视频素材的时长

6.2.4　提取人声并优化声音表现

【效果展示】在短剧制作中，声音往往承担着传达情绪、刻画角色的重要作用。剪映的"声音分离""人声美化""换音色"功能，可以精准提取视频中的人物对白，去除背景杂音，并通过适当的变声处理，满足角色设定的多样化需求，视频效果如图6-41所示。

扫码看教学视频

图 6-41　视频效果展示

下面介绍在剪映中提取人声并优化声音表现的操作方法。

步骤 01 在视频编辑界面中，导入一段视频素材，并将其添加到视频轨道中，如图6-42所示。

步骤02 ❶单击"音频"按钮，进入"音频"操作区；❷在"基础"选项卡中，选中"声音分离"复选框，展开对应的选项区；❸依次选择"整体背景声""鼓组""贝斯""其他"选项，如图6-43所示，指定要分离的声音元素。

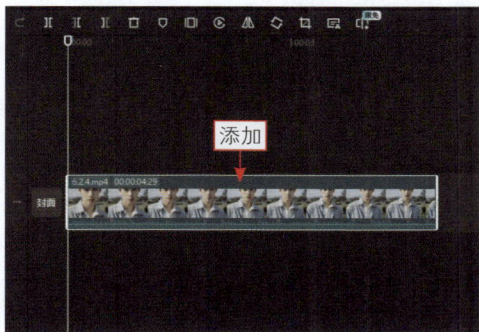

图 6-42　将视频素材添加到视频轨道中

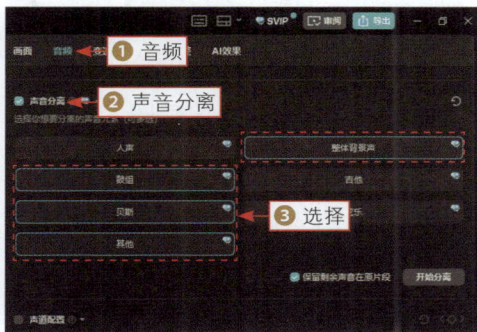

图 6-43　选择相应的选项

☆ 专 家 提 醒 ☆

在对视频中的声音元素进行分离时，如果创作者不太清楚视频包含哪些声音元素，可以选择所有不需要的选项，这样分离的效果会更好、更全面。

步骤03 单击"开始分离"按钮，即可将选择的声音元素分离出来，并以音频的形式显示在视频素材的下方，单击"删除"按钮□，如图6-44所示，即可将这些不需要的声音元素删除，只保留视频中的人声。

步骤04 选择视频素材，如图6-45所示。

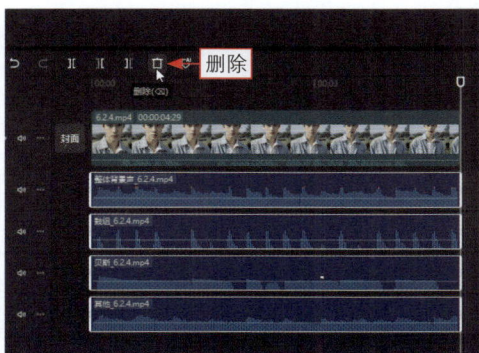

图 6-44　单击"删除"按钮

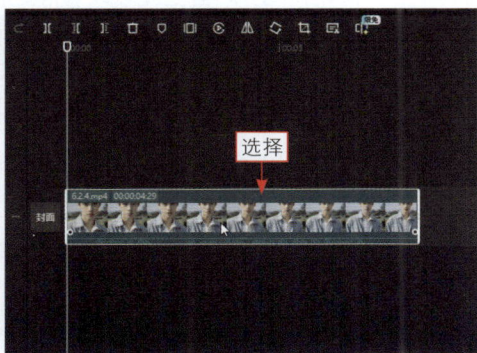

图 6-45　选择视频素材

步骤05 在"音频"操作区的"基础"选项卡中，选中"人声美化"复选框，如图6-46所示，即可对视频素材中的人声进行美化，提升声音的质感。

步骤06 ❶切换至"换音色"|"男声"选项卡；❷选择"文艺男声"选项，如图6-47所示，即可对视频中的人声进行变声处理。

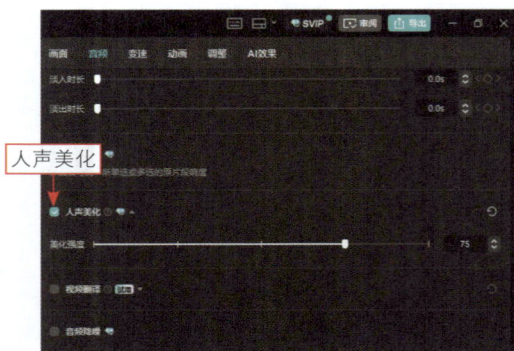

图6-46　选中"人声美化"复选框

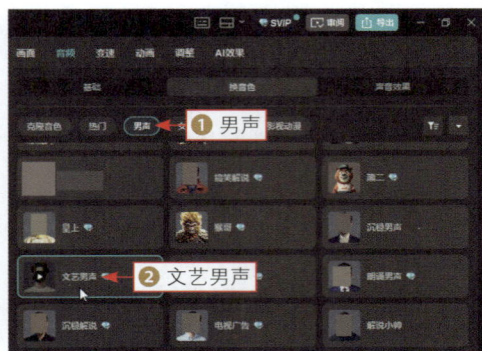

图6-47　选择"文艺男声"选项

6.3　使用剪映制作特效与导出成片

剪映为创作者提供了丰富的视觉特效资源，除了支持一键添加合适的特效，也允许创作者灵活地使用"动画""蒙版""混合模式"等功能，打造更具视觉冲击力的特效。另外，成片导出设置也直接影响最终播放效果与平台适配度，是后期流程中不可忽视的一环。本节将通过具体案例，介绍特效制作与导出设置的实操方法。

6.3.1　添加特效增强镜头衔接感

【效果展示】在短剧中，镜头之间的自然衔接直接影响观众的观看节奏与情绪流畅度。剪映提供的开幕和闭幕特效，能够为镜头起始和结尾增添视觉过渡效果，起到引导视线、缓解跳切、生动开场或平稳收尾的作用，效果如图6-48所示。

扫码看教学视频

图6-48　效果展示

下面介绍在剪映中添加特效增强镜头衔接感的操作方法。

步骤 01 在视频编辑界面中，导入一段视频素材，并将其添加到视频轨道中，如图6-49所示。

步骤 02 ❶单击"特效"按钮，进入"特效"功能区；❷切换至"画面特效"|"基础"选项卡；❸单击"擦拭开幕"特效右下角的"添加到轨道"按钮，如图6-50所示，即可为视频素材添加合适的开幕特效。

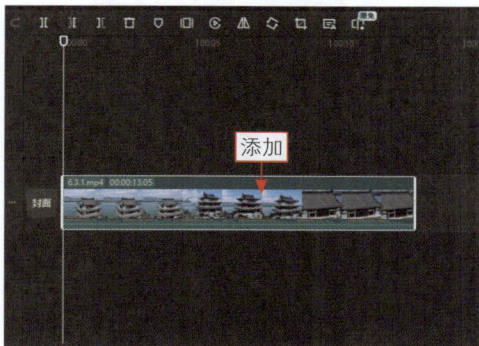

图 6-49　将视频素材添加到视频轨道中

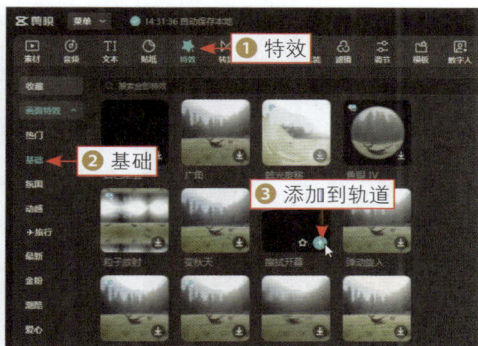

图 6-50　单击"添加到轨道"按钮（1）

☆ 专 家 提 醒 ☆

剪映的"特效"功能区中提供了明确的特效分类，创作者可以在对应的类别中寻找自己需要的特效，也可以通过搜索特效关键词来进行寻找。

步骤 03 在"基础"选项卡中，单击"全剧终"特效右下角的"添加到轨道"按钮，如图6-51所示，即可为视频素材添加合适的闭幕特效。

步骤 04 调整"全剧终"特效的位置，使其结束位置与视频的结束位置对齐，如图6-52所示，让闭幕特效在视频结尾发挥作用。

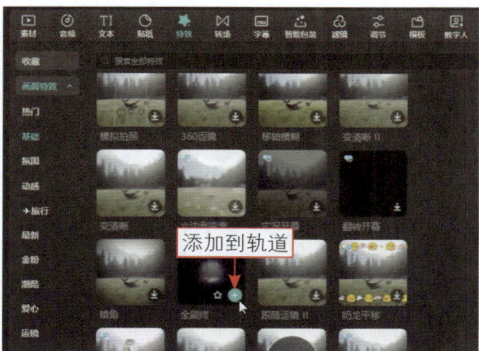

图 6-51　单击"添加到轨道"按钮（2）

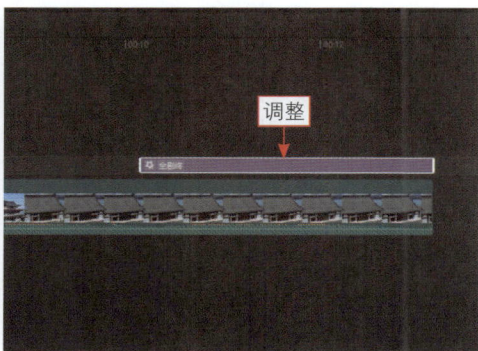

图 6-52　调整特效的位置

143

6.3.2 制作粒子片头提升视觉吸引力

【效果展示】短剧片头不仅是视觉引导的起点，更是传达风格与调性的重要窗口。通过剪映的"动画""蒙版""混合模式"等功能，创作者可以灵活叠加素材，制作出粒子飞散的个性化片头表现，显著提升短剧的专业感与吸引力，效果如图6-53所示。

图 6-53　效果展示

下面介绍在剪映中制作粒子片头提升视觉吸引力的操作方法。

步骤 01 在视频编辑界面的"素材"功能区中，导入3段视频素材和背景音乐，如图6-54所示。

步骤 02 将第1段视频素材添加到视频轨道中，在"画面"操作区中，❶切换至"蒙版"选项卡；❷单击"添加蒙版"按钮，如图6-55所示，为视频添加一个蒙版。

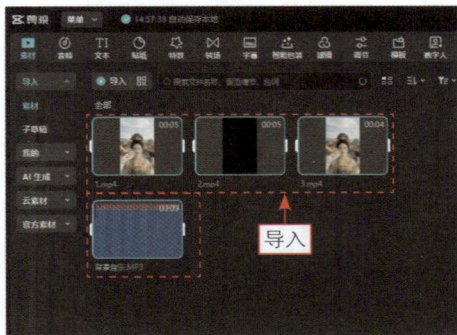

图 6-54　导入相应的素材

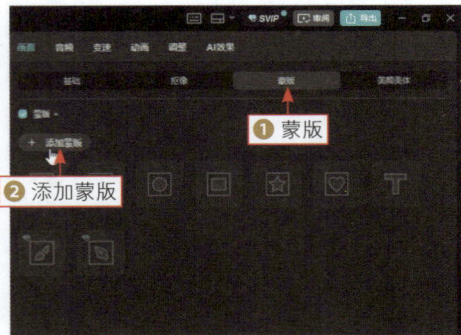

图 6-55　单击"添加蒙版"按钮

步骤03 ❶设置"蒙版1"为"线性"蒙版；❷设置"位置"的X参数为0、Y参数为1280、"羽化"参数为50，调整蒙版的位置和羽化程度；❸单击"位置"右侧的"添加关键帧"按钮◆，如图6-56所示，为视频添加第1个关键帧。

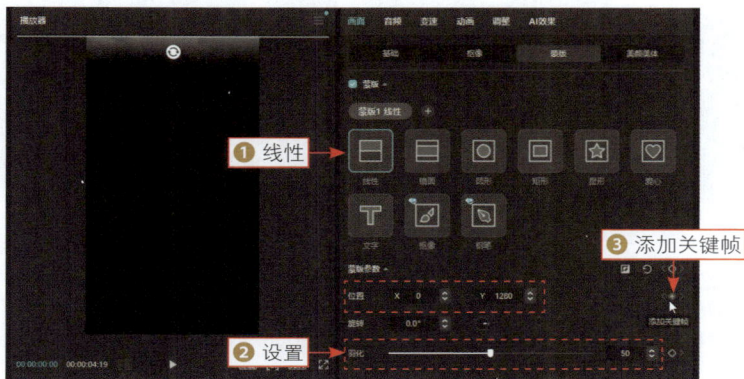

图 6-56　单击"添加关键帧"按钮

步骤04 拖曳时间轴至视频结束的位置，❶设置"位置"的X参数为0、Y参数为−1280，使视频画面完整地显示出来；❷由于"位置"参数的变动，"位置"右侧的关键帧按钮会自动被点亮，如图6-57所示，从而制作出画面从上到下慢慢显示的效果。

图 6-57　关键帧按钮会自动被点亮

步骤05 ❶切换至"动画"操作区；❷在"入场"选项卡中，选择"渐显"选项，如图6-58所示，即可为视频添加入场动画，让画面的显示更自然。

步骤06 将第2段视频素材拖曳至画中画轨道中，使其结束位置与第1段视频素材的结束位置对齐，如图6-59所示。

图 6-58　选择"渐显"选项

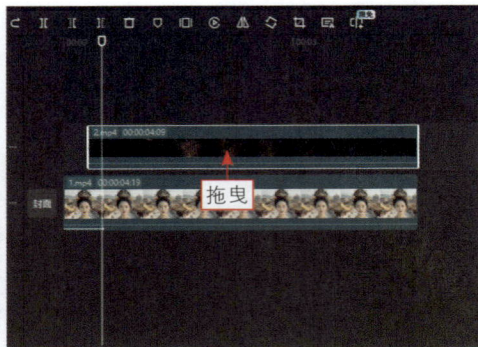

图 6-59　将第 2 段视频素材拖曳至画中画轨道中

步骤 07 在"画面"操作区的"基础"选项卡中，❶单击"混合模式"右侧的下拉按钮 ；在弹出的下拉列表框中，❷选择"变亮"选项，如图6-60所示，即可去除第2段视频素材中的黑幕，使粒子素材单独显示。

步骤 08 拖曳时间轴至第2段视频素材的起始位置，❶切换至"文本"功能区；❷在"新建文本"选项卡中，单击"默认文本"右下角的"添加到轨道"按钮 ，如图6-61所示，添加一段片头文本。

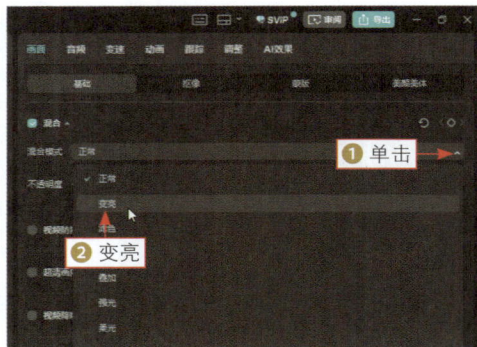

图 6-60　选择"变亮"选项

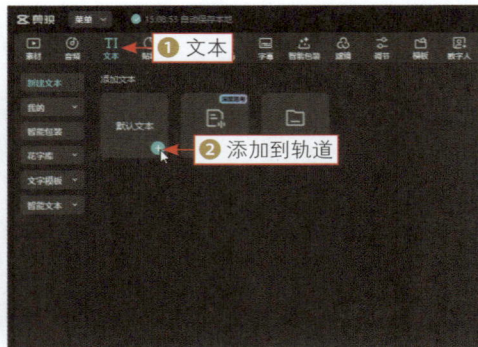

图 6-61　单击"添加到轨道"按钮（1）

步骤 09 在"文本"操作区中，❶输入相应的文本内容；❷设置合适的字体，美化片头文本；❸设置"字号"参数为30，如图6-62所示，放大文本。

步骤 10 在"预设样式"选项区中，选择一个合适的样式，如图6-63所示，让文本更醒目。

步骤 11 设置"位置"的X参数为0、Y参数为1275，如图6-64所示，调整片头文本的位置。

图 6-62 设置"字号"参数

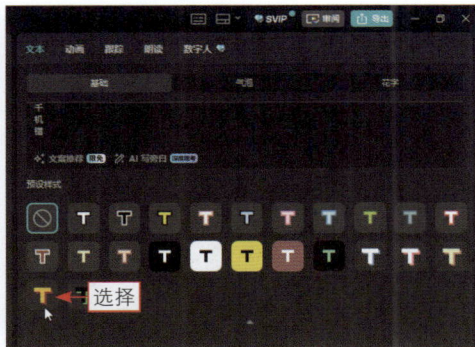

图 6-63 选择合适的样式

步骤12 ❶切换至"动画"操作区；❷在"入场"选项卡中，选择"星光闪闪"选项，如图6-65所示，为片头文本添加入场动画。

图 6-64 设置"位置"参数

图 6-65 选择"星光闪闪"选项

步骤13 ❶将第3段视频素材添加到第1段视频素材的后面；❷调整片头文本的时长，如图6-66所示，使其结束的位置对准第3段视频素材的结束位置。

步骤14 拖曳时间轴至00:00:05:00的位置，❶单击"特效"按钮，进入"特效"功能区；❷切换至"基础"选项卡；❸单击"暗角"特效右下角的"添加到轨道"按钮 ⊕，如图6-67所示，为第3段视频素材添加一个特效，增强画面的氛围感。

步骤15 调整"暗角"特效的时长，使其结束位置对准第3段视频素材的结束位置，如图6-68所示。

步骤16 ❶单击"滤镜"按钮，进入"滤镜"功能区；❷切换至"影视级"选项卡；❸单击"青橙"滤镜右下角的"添加到轨道"按钮 ⊕，如图6-69所示，为第3段视频素材添加一个滤镜，增添画面的故事感。

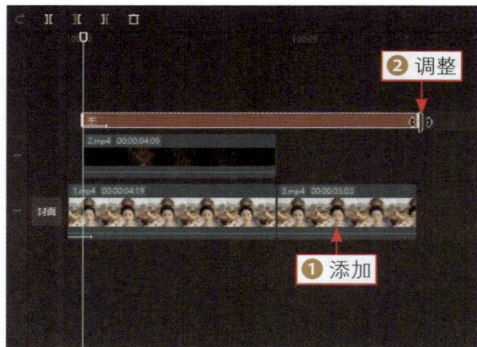

图 6-66　调整片头文本的时长

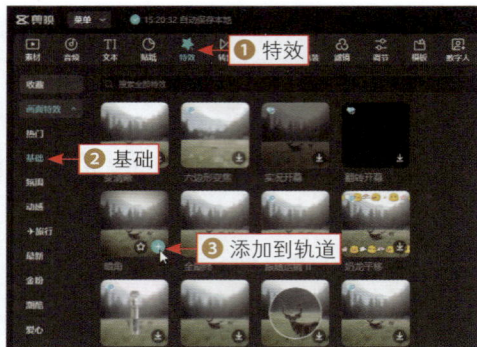

图 6-67　单击"添加到轨道"按钮（2）

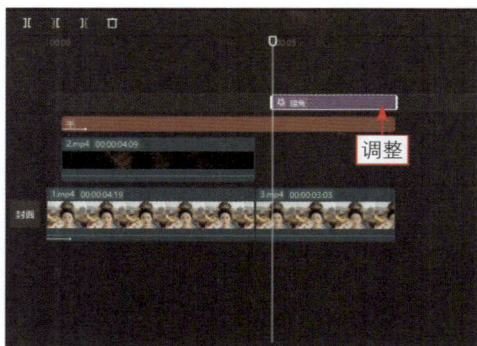

图 6-68　调整特效的时长

图 6-69　单击"添加到轨道"按钮（3）

步骤 17 在"滤镜"操作区中，设置"强度"参数为70，如图6-70所示，降低"青橙"滤镜的效果。

步骤 18 ❶调整"青橙"滤镜的时长；❷添加并调整背景音乐的时长，如图6-71所示，即可完成粒子片头的制作。

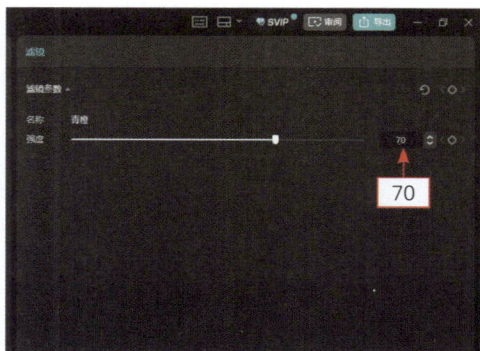

图 6-70　设置"强度"参数

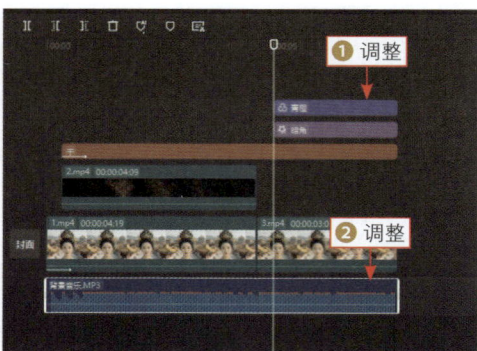

图 6-71　调整背景音乐的时长

6.3.3　设置导出参数保证成片质量

【效果展示】导出环节决定了短剧最终呈现的画质与播放兼容性，是后期制作中不可忽视的重要一步。剪映提供了多种导出选项，包括分辨率和帧率等参数设置，创作者可以根据发布平台与剧集内容灵活调整，确保成片清晰流畅、格式规范，效果如图6-72所示。

图 6-72　效果展示

下面介绍在剪映中设置导出参数保证成片质量的操作方法。

步骤01 ❶将视频添加到视频轨道中；❷拖曳时间轴至00:00:06:24的位置；❸单击"向右裁剪"按钮 ，如图6-73所示，即可分割并删除时间轴右侧的视频片段。

步骤02 在视频编辑界面的右上角，单击"导出"按钮，如图6-74所示。

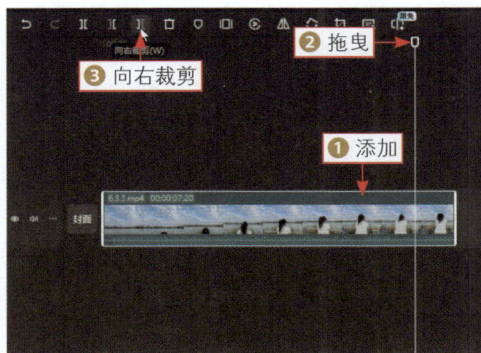

图 6-73　单击"向右裁剪"按钮

图 6-74　单击"导出"按钮（1）

步骤03 弹出"导出"面板，❶修改视频的"标题"内容；在"视频导出"选项区中，❷单击"分辨率"右侧的下拉按钮 ，如图6-75所示。

步骤04 在弹出的下拉列表框中，选择2K选项，如图6-76所示，即可提高视频的分辨率，获得更高清的画面效果。

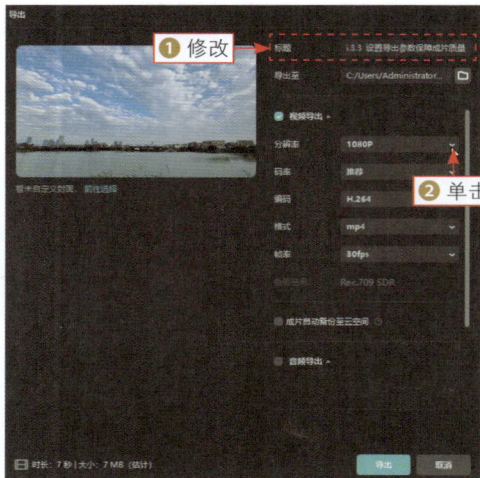

图 6-75　单击"分辨率"右侧的下拉按钮

图 6-76　选择 2K 选项

☆ 专 家 提 醒 ☆

　　2K 一般是指水平方向像素约为 2000 的分辨率，适合对画质要求较高的短剧制作。在导出视频时，创作者设置更高的分辨率参数，可以获得更清晰的视频效果，但同时也会增加视频的大小，其他参数也是同样的道理，因此创作者要在视频的画质和大小之间把握好平衡。

　　步骤 05 ❶设置"码率"为"更高"，以获得画质更清晰、细节更丰富的视频效果；❷单击面板右下角的"导出"按钮，如图6-77所示。

　　步骤 06 执行操作后，即可开始导出视频，"导出"面板中会显示导出进度，如图6-78所示。导出结束后，创作者可以在本地文件夹中查看视频效果。

图 6-77　单击"导出"按钮（2）

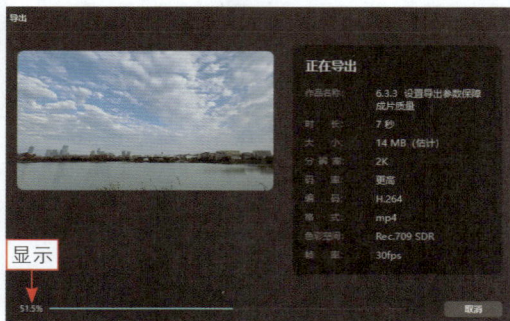

图 6-78　显示导出进度

本章小结

　　本章首先介绍了剪映在画面处理方面的核心功能，包括智能镜头分割、裁剪、调色与降噪，帮助创作者优化短剧视觉表现，提升画面品质；接着介绍了字幕与音频处理模块，通过生成字幕、识别歌词、文本朗读、人声分离与优化，全面增强短剧的信息传达与听觉体验；最后介绍了特效制作与导出设置，从提升镜头表现力到保证成片输出质量，全面实现短剧后期剪辑的高效智能化。

课后实训

　　鉴于本章知识的重要性，为了帮助读者更好地掌握所学知识，本节将通过课后实训，帮助读者进行简单的知识回顾和补充。

扫码看教学视频

　　【实训任务】请使用剪映的"调整"功能对素材进行调色，素材与效果图对比如图6-79所示。

图 6-79　素材和效果图对比

下面介绍使用剪映的"调整"功能进行调色的操作方法。

步骤01 将视频素材添加到视频轨道中，❶切换至"调整"操作区；❷在"基础"选项卡中，选中"智能调色"和"色彩校正"复选框，如图6-80所示，对画面进行初步调整。

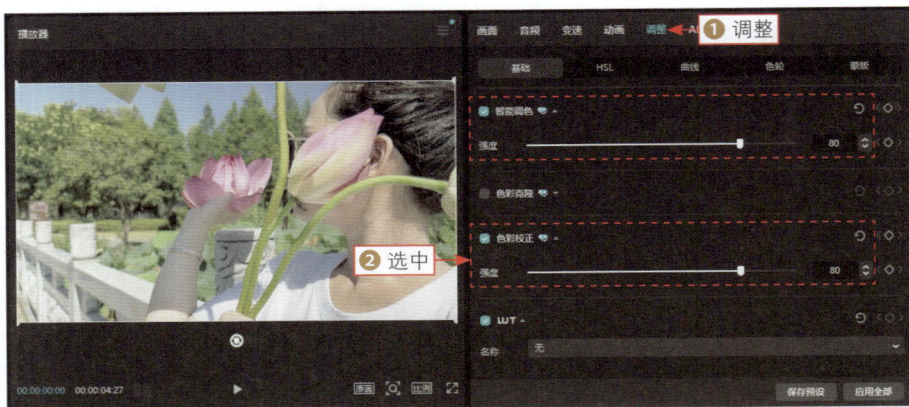

图6-80　选中相应复选框

步骤02 设置"饱和度"参数为10、"对比度"参数为5、"高光"参数为−5、"黑色"参数为−5、"光感"参数为−5，如图6-81所示，即可营造冷色调氛围，增强画面色彩饱和度与明暗对比，使画面更通透。

图6-81　设置相应的参数

第7章 AI短剧全流程实战：古风短剧《琴声之谜》

　　本章作为全书的实战汇总篇，全面整合前6章所涵盖的剧本策划、分镜设计、画面生成、音乐创作与后期剪辑等关键环节。通过介绍古风短剧《琴声之谜》的完整制作流程，本章将系统地演示AI短剧从构思到成片的操作技巧，帮助读者将理论知识转化为实战技能。

7.1 《琴声之谜》效果展示

【效果展示】《琴声之谜》作为一部古风类AI短剧，通过完整的画面、音频与剧情展示，直观地呈现AI技术在短剧制作中的实际应用效果，如图7-1所示。

图 7-1 效果展示

7.2 短剧脚本与提示词设计

使用AI创作短剧的关键在于脚本与提示词的精准设计，这不仅会影响剧情节奏与人物塑造，也直接决定了后续AI生成内容的质量。本节将围绕策划短剧主题、编写分镜脚本及撰写AI提示词这3个方面，系统地讲解如何搭建一个结构清晰、风格统一、具备可操作性的古风短剧文本方案。

7.2.1　策划短剧主题

　　策划短剧主题是创作者进行短剧制作的起点，在这一阶段，AI能够根据选定的主题快速构建出符合古风特色的情节脉络，从而为后续的AI脚本生成提供清晰的框架与指导方向，确保整体作品的统一性与吸引力。下面介绍让DeepSeek策划短剧主题的操作方法。

扫码看教学视频

　　步骤01 在DeepSeek的对话页面中，输入并发送提示词，即可获得AI提供的10个短剧主题，相关提示词和回复内容如下。

👤 **提示词**

我需要制作一部古风类短剧，请你先提供10个合适的主题，要求：从古代故事中取材，但不能照搬；不要恐怖、悬疑或惊悚的内容；要有悬念和反转，故事结局耐人寻味。

🐋 **DeepSeek**

以下是10个符合要求的古风短剧原创主题，融合经典元素与创新反转，结局皆留有思考空间。
1.《画医》
落魄画师为病危郡主画像冲喜，每画一笔郡主病情便好转一分，却在最后一刻停笔——原来画中抽取的是他人的寿命，而真正需要续命的却是……
2.《双生砚》
科举考生获赠"必定登科"的奇砚，试卷墨迹竟与当朝宰相年轻时完全一致。当宰相亲自审问他时，两人同时发现砚台底部刻着对方的名字。
3.《桥下听琴》
一名旅人雨夜过桥，忽闻桥下传来琴音，凄清哀婉，似人哭泣。他下桥探看，四下无人，唯见桥柱刻着"故人周子期，葬此十年"。心中悚然。翌日再过，桥下寂静，琴音再无。多年后他才知，琴声只为知音而响。
……

　　步骤02 在同一个对话页面中，创作者可以选择自己感兴趣的主题，并提出要求，让AI进行调整，相关提示词和回复内容如下。

👤 **提示词**

请给《桥下听琴》换一个名字，并将故事内容改成"旅人走过一座石桥时，忽闻桥下传来琴音。他站在桥上向水面看去，竟出现了一位桥灵，然后与桥灵进行了交流"，在结尾设置一个身份反转。

155

🐳 DeepSeek

《琴声之谜》
旅人黄昏路过古桥，忽闻桥下传来缥缈的琴音。他驻足桥上探看，水雾升腾，一位白衣女子现身，自称是守桥之灵。她回忆百年前，一位琴师每日在桥边抚琴，曲音动人，却被召入宫中，从此音断。桥灵因感其琴意，悄然习得琴艺，却百年无人能听。沈言疑惑自己为何能听见琴声，桥灵微笑不语。雾散之际，水中现出一位白衣琴师，与沈言容貌如出一辙。原来，他正是那位离去的琴师。

☆ 专家提醒 ☆

由于 AI 生成内容的随机性，即便使用相同的提示词提问，也会获得不同的回复。因此，创作者要重点掌握书稿和视频中介绍的操作方法，以便在实际操作时，根据 AI 生成的回复，灵活调整提示词，获得更有效的回复内容。

7.2.2　编写分镜脚本

确定短剧的主题后，创作者需要进一步细化剧情结构，通过编写分镜脚本来明确每个镜头的视觉呈现。在这一阶段，AI可以协助创作者自动生成镜头描述，并提供创意上的参考与优化建议。下面介绍让DeepSeek编写分镜脚本的操作方法。

扫码看教学视频

步骤 01 新建一个对话，输入并发送提示词，让DeepSeek根据短剧主题编写完整的短剧剧本，相关提示词和回复内容如下。

👤 提示词

请你根据我提供的短剧主题，生成完整的剧本内容。
《琴声之谜》
旅人黄昏路过古桥，忽闻桥下传来缥缈的琴音。他驻足桥上探看，水雾升腾，一位白衣女子现身，自称是守桥之灵。她回忆百年前，一位琴师每日在桥边抚琴，曲音动人，却被召入宫中，从此音断。桥灵因感其琴意，悄然习得琴艺，却百年无人能听。沈言疑惑自己为何能听见琴声，桥灵微笑不语。雾散之际，水中现出一位白衣琴师，与沈言容貌如出一辙。原来，他正是那位离去的琴师。

🐳 DeepSeek

短剧剧本：《琴声之谜》
场景：山间石桥，傍晚，云霞映红，环境静谧
【画面】
夕阳余晖洒落在山间，云雾缭绕，一座古老的石桥横卧在溪流之上。
【音效】

悠扬的琴音传来，清雅哀婉，如泣如诉。

【人物出场】

沈言，青年男子，衣着朴素，神情沉稳。

……

步骤 02 在同一个对话页面中，继续输入并发送提示词，让AI根据剧本内容生成分镜脚本，相关提示词和回复内容如下。

提示词

请你根据剧本内容生成合适的分镜脚本，要求：一个分镜只对应一个场景和一个镜头，分镜脚本写明场景、角色和台词，用文字的形式呈现。

DeepSeek

短剧《琴声之谜》分镜脚本（文字版）

分镜1

场景：傍晚，山间远景，云霞映照，古桥横卧。

角色：无（环境）

内容：晚霞染红山间，云雾缭绕。镜头缓慢推至古桥，琴声悠悠传来，如泣如诉。

分镜2

场景：桥上，沈言驻足凝神

角色：沈言

内容：沈言已站在桥上，神情被琴声吸引。他侧耳倾听，皱眉，低声自语："此处荒无人烟，怎会有这般美妙的琴声？等等，琴声好像是从水中传来的。"

分镜3

……

7.2.3 撰写AI提示词

在完成分镜脚本后，创作者需要为各镜头和背景纯音乐撰写精准的AI提示词。提示词的质量直接影响生成内容的风格与效果，因此创作者需要结合场景需求与古风审美，合理引导AI生成符合预期的提示词。下面介绍让DeepSeek撰写AI提示词的操作方法。

扫码看教学视频

步骤 01 在上一例的对话页面中，输入并发送提示词，让DeepSeek根据分镜脚本生成对应的提示词，相关提示词和回复内容如下。

👤 提示词

《琴声之谜》的整体风格为写实＋古风＋玄幻，请你根据分镜脚本，为每个分镜生成合适的AI图片提示词，我将使用这些提示词在即梦AI中生成分镜图片。要求：提示词为中文，要通顺、连贯；先为两个角色设计好形象提示词，再生成分镜提示词；每个提示词都要包含风格和超高清画质；有角色出场的分镜，要先写形象提示词，再写分镜场景提示词，形象提示词都要保持一致。

🐋 DeepSeek

我会根据你的要求，为角色设计形象提示词，并且为每个分镜生成合适的AI图片提示词。
一、角色形象提示词（统一使用）
1.沈言（男主）形象提示词
　　提示词：
　　一位24岁左右的古风男子，正面站立，神情清冷沉静，面容俊朗，剑眉星目，肤色白皙清透，唇色自然。头发乌黑浓密，高束发髻，以墨色发带固定，发丝略垂两侧，细节写实。身穿淡青色古代长衫，领口与袖口绣有低调银色水纹，外披白色轻纱披风，质地半透明、随风轻扬，服饰整体干净利落、无武器配件。腰间系青玉流苏，整个人气质温润儒雅。画面风格为写实古风，超高清画质，略带玄幻氛围。
2.桥灵女子形象提示词
　　提示词：
　　……

☆ 专家提醒 ☆

　　虽然 AI 提供的分镜提示词不能保证生成效果的可用性，但起码可以确保提示词的内容与分镜脚本是一一对应的，并且为创作者节省了自己构思提示词的时间。在实际生成时，创作者可以先使用 AI 提供的提示词，再根据生成效果进行调整。

步骤 02 在同一个对话页面中，继续输入并发送提示词，让AI根据短剧内容和风格生成背景纯音乐的提示词，相关提示词和回复内容如下。

👤 提示词

我将使用AI为这部短剧生成一段合适的古琴纯音乐，作为整部短剧的背景音乐，请你根据短剧内容和风格提供提示词，150字左右。

🐋 DeepSeek

古风纯音乐，乐器为古琴，音色空灵清远，旋律婉转，如泣如诉，节奏缓慢舒展，略带哀愁与神秘，适合黄昏桥下、灵异氛围、人物回忆场景。音乐氛围要营造出空谷幽兰般的宁静感，情绪层层推进，前半段平静缥缈，后半段加入细腻的情感波动，有余音绕梁的感觉，适配写实古风+轻玄幻风格的短剧画面，音质高清，音效精致，不加入人声或其他现代乐器，仅以古琴为主。

7.3　分镜与音频素材准备

在完成脚本和提示词的设计后，创作者将进入素材准备阶段。这一环节涉及将分镜脚本与音频素材具体化，包括生成片头素材、角色动态视频、空镜素材、对口型视频，以及背景音乐等元素。通过AI的辅助，创作者能够高效地制作出符合创意需求的视觉与听觉素材，为短剧的最终呈现打下坚实的基础。

7.3.1　生成片头素材

片头是短剧的重要开场，承载着风格设定与情绪铺垫的作用。创作者可以结合分镜脚本与提示词，利用AI生成具有古风意境的画面，构建具有辨识度和吸引力的片头素材，为整部短剧营造统一的视觉基调。下面介绍在即梦AI中生成片头素材的操作方法。

扫码看教学视频

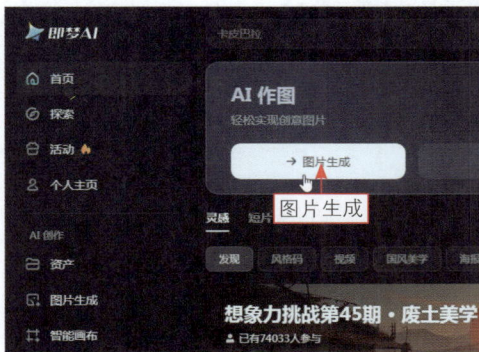

步骤 01 在即梦AI的"首页"页面中，单击"AI作图"选项区中的"图片生成"按钮，如图7-2所示，进入"图片生成"页面。

步骤 02 在输入框中输入提示词，如图7-3所示，告知AI需要生成的图片内容。

图 7-2　单击"图片生成"按钮

图 7-3　输入提示词（1）

步骤 03 在"图片比例"选项区中，选择16∶9选项，如图7-4所示，让AI生成横幅图片。

步骤 04 单击"立即生成"按钮，即可让AI根据提示词和设置的参数生成4张图片，单击第3张图片上的"超清"按钮 HD，如图7-5所示。

图 7-4　选择 16：9 选项

图 7-5　单击"超清"按钮（1）

步骤 05 执行操作后，即可生成对应的超清图，在超清图的右下方单击"超清"按钮 **HD**，如图7-6所示。

步骤 06 执行操作后，即可在超清图的基础上，重新生成一张清晰度更高的图片，在图片的右下方单击"生成视频"按钮，如图7-7所示。

图 7-6　单击"超清"按钮（2）

图 7-7　单击"生成视频"按钮

步骤 07 执行操作后，即可跳转至"视频生成"页面的"图片生视频"选项卡，❶图片会自动上传，作为视频生成的参考图和首帧画面；❷输入提示词，如图7-8所示。

步骤 08 设置"视频模型"为"视频3.0"，如图7-9所示，更换视频的生成模型。

步骤 09 单击"生成视频"按钮，即可开始生成视频，并显示生成进度，如图7-10所示。稍等片刻，即可获得对应的片头素材。

图 7-8　输入提示词（2）

图 7-9　设置"视频模型"

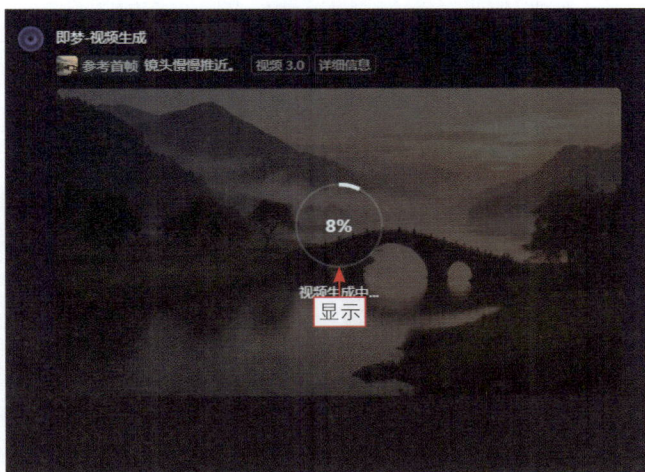

图 7-10　显示生成进度

7.3.2　生成角色动态视频

为了提升角色形象在短剧中的一致性，创作者可以先通过提示词生成符合设定的角色图片，再使用这些图片和不同的提示词，来高效地生成多样化的动作表现与运镜效果。下面介绍在即梦AI中生成角色动态视频的操作方法。

扫码看教学视频

步骤 01 在"图片生成"页面中，输入提示词，如图7-11所示，告知AI需要生成的图片内容。

步骤 02 设置"选择清晰度"为"高清2K"，如图7-12所示，提升图片的清晰度。

图 7-11　输入提示词（1）

图 7-12　设置"选择清晰度"

步骤 03 单击"立即生成"按钮，即可获得4张有角色的图片，单击第3张图片上的"超清"按钮 HD，如图7-13所示，即可生成第1张角色图片的超清图。

步骤 04 在图片的右上方单击"下载"按钮，如图7-14所示，将第1张角色图片下载到本地文件夹中。

图 7-13　单击"超清"按钮（1）

图 7-14　单击"下载"按钮

步骤 05 ❶输入新的提示词；❷单击"导入参考图"按钮，如图7-15所示。

步骤 06 弹出"打开"对话框，❶选择下载的第1张角色图片；❷单击"打开"按钮，如图7-16所示，将其上传。

☆ 专 家 提 醒 ☆

由于 AI 每次生成的效果都不同，为了与书稿保持一致，在视频中上传的参考图会与前面下载的第 1 张角色图片不同，但操作方法是相同的，并且也不会影响后续的操作。

步骤 07 在弹出的"参考图"面板中，选中"人像写真"单选按钮，如图7-17所示，让AI参考角色的长相进行生成。

图 7-15　单击"导入参考图"按钮

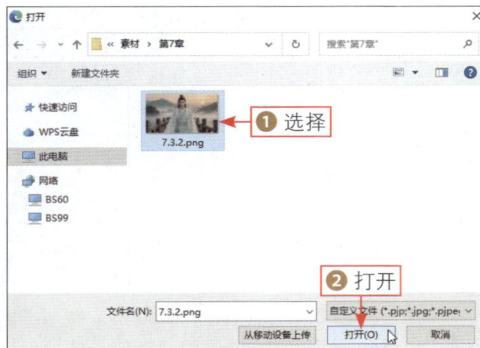

图 7-16　单击"打开"按钮

图 7-17　选中"人像写真"单选按钮

☆ 专家提醒 ☆

　　通过在提示词中使用相似度比较高的角色描述，同时上传并参考第1张角色图片中角色的长相，可以让AI生成的第2张角色图片与第1张角色图片的相似度更高，以提升男主形象的一致性。

　　步骤 08 单击"保存"按钮，保存设置的参考维度，单击"立即生成"按钮，即可生成4张图片，单击第3张图片上的"超清"按钮 HD，如图7-18所示，获得第2张角色图片。

　　步骤 09 用同样的方法，输入提示词，生成第3组图片，单击第1张图片上的"超清"按钮 HD，如图7-19所示，获得第3张角色图片。

图 7-18 单击"超清"按钮（2）

图 7-19 单击"超清"按钮（3）

步骤 10 在第1张角色图片的右下方，单击"生成视频"按钮，如图7-20所示。

步骤 11 执行操作后，即可跳转至"视频生成"页面的"图片生视频"选项卡，❶图片会自动上传，作为视频生成的参考图和首帧画面；❷输入提示词，如图7-21所示，描述角色的动作。

图 7-20 单击"生成视频"按钮

图 7-21 输入提示词（2）

步骤 12 ❶设置"视频模型"为"视频3.0"，更改视频的生成模型；❷设置"生成时长"为10s，如图7-22所示，增加视频的时长。

步骤 13 单击"生成视频"按钮，稍等片刻，即可生成第1段角色动态视频，效果如图7-23所示。

☆ 专家提醒 ☆

用同样的方法，创作者可以使用3张角色图片和提示词生成不同动作和运镜的角色动态视频，由于操作方法都是相同的，这里就不再赘述。注意，生成所有角色动态视频后，都要下载到本地文件夹中，方便后续操作。

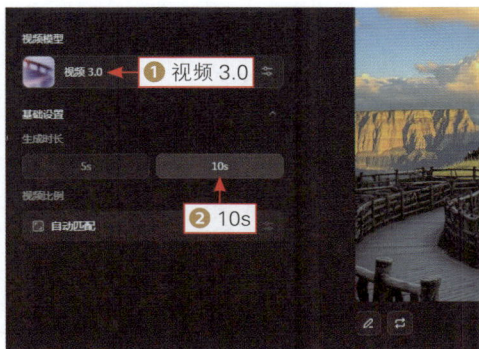

图 7-22　设置"生成时长"

图 7-23　生成的角色动态视频效果

7.3.3　生成空镜素材

空镜在短剧中用于交代环境、控制转场节奏或渲染氛围，是增强叙事效果的重要手段。创作者可以根据分镜脚本中的场景设定，使用提示词生成具有古风意境的空镜素材。下面以生成第1段空镜素材为例，介绍操作方法。

扫码看教学视频

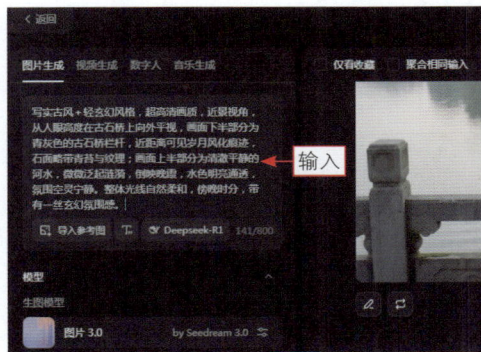

步骤 01 在"图片生成"页面中，输入提示词，如图7-24所示，告知AI需要生成的空镜画面。

步骤 02 单击"立即生成"按钮，即可生成4张需要的空镜图片，单击第1张图片上的"超清"按钮 HD，如图7-25所示，获得对应的超清图。

图 7-24　输入提示词

图 7-25　单击"超清"按钮

步骤 03 在超清图的右下方单击"生成视频"按钮 ，如图7-26所示，跳转至"视频生成"页面的"图片生视频"选项卡，图片会自动上传，作为视频生成的参考图和首帧画面。

步骤 04 ❶输入运镜提示词；❷设置"视频模型"为"视频3.0"，如图7-27所示，更改视频的生成模型，单击"生成视频"按钮，即可生成第1段空镜素材。

图 7-26　单击"生成视频"按钮

图 7-27　设置"视频模型"

7.3.4　使用文本生成对口型视频

角色对口型视频能够显著提升短剧的沉浸感与真实度，使角色在对话中的表现更加生动自然。其中，通过输入文本直接生成对口型视频，是一种高效便捷的方式。创作者只需提供角色形象与对应的台词，AI就能生成匹配口型的动态画面。下面介绍在可灵AI中使用文本生成对口型视频的操作方法。

扫码看教学视频

步骤 01 在可灵AI的"视频生成"页面中，单击页面左侧的"对口型"按钮 ，如图7-28所示，进入"对口型"页面。

步骤 02 单击"点击/拖拽/粘贴"按钮，如图7-29所示。

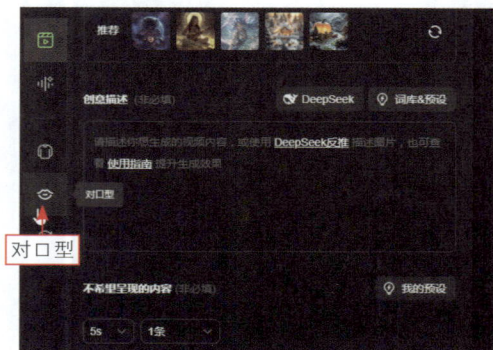

图 7-28　单击"对口型"按钮

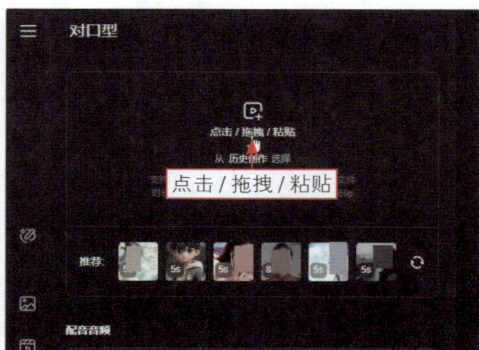

图 7-29　单击"点击/拖拽/粘贴"按钮

步骤03 弹出"打开"对话框，❶选择对应的角色视频；❷单击"打开"按钮，如图7-30所示，将其上传。

步骤04 在"配音音频"的右下方，单击 ≡ 按钮，如图7-31所示，展开"配音音频"面板。

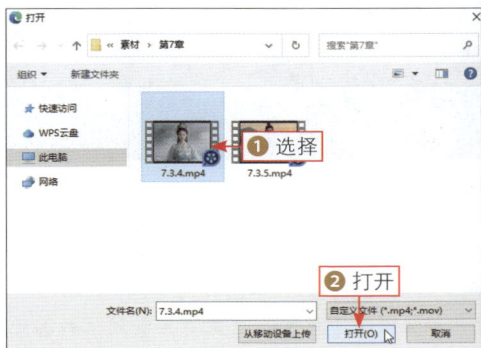

图 7-30　单击"打开"按钮

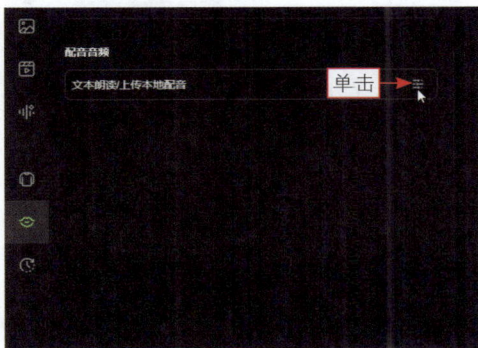

图 7-31　单击相应按钮

步骤05 在"文本朗读"选项卡中，输入对应的角色台词，如图7-32所示。

步骤06 在"音色"板块中，❶切换至"女青年"选项卡；❷选择"温柔姐姐"选项，设置配音音色；❸设置"语速"为0.9×，如图7-33所示，放慢说话速度。

图 7-32　输入角色台词

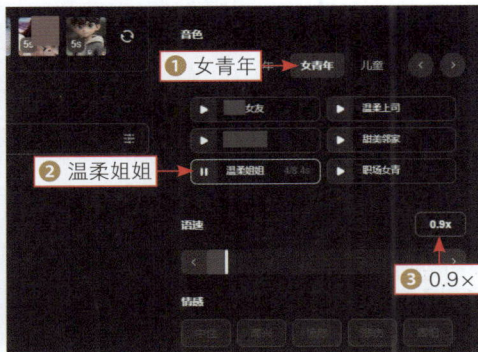

图 7-33　设置"语速"

步骤07 在"对口型"页面的底部，单击"立即生成"按钮，如图7-34所示。

步骤08 稍等片刻，即可生成相应的对口型视频，效果如图7-35所示。

图 7-34　单击"立即生成"按钮

图 7-35　生成的对口型视频效果

☆ 专家提醒 ☆

　　使用文本生成对口型视频能够更快地获得角色说话的效果，但能够选择的音色会比较少，因此创作者可以先进行试听，再决定是否使用这种方法。限于篇幅，这里不再赘述生成其他的文本对口型视频的方法，创作者根据前面介绍的方法，适当修改台词进行生成即可。

7.3.5　使用音频生成对口型视频

　　相比输入文本，使用准备好的角色语音音频生成对口型视频，能让角色展现出更具个性化的音色与语气表现。创作者可以将配音素材与角色形象结合，通过AI生成基本贴合口型的动态视频，进一步增强角色表达的自然度与情感的丰富性。下面介绍在可灵AI中使用音频生成对口型视频的操作方法。

扫码看教学视频

　　步骤01 在"对口型"页面中，单击"点击/拖拽/粘贴"按钮，如图7-36所示。

　　步骤02 弹出"打开"对话框，❶选择对应的角色视频；❷单击"打开"按钮，如图7-37所示，将其上传。

图 7-36　单击"点击 / 拖拽 / 粘贴"按钮（1）

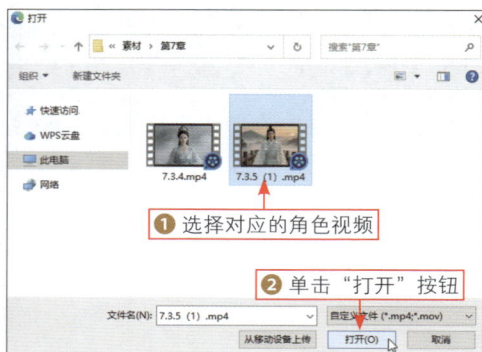

图 7-37　单击"打开"按钮（1）

步骤 03 ①展开"配音音频"面板；②切换至"上传本地配音"选项卡；③单击"点击/拖拽/粘贴"按钮，如图7-38所示。

步骤 04 弹出"打开"对话框，①选择对应的角色语音音频；②单击"打开"按钮，如图7-39所示，将其上传。

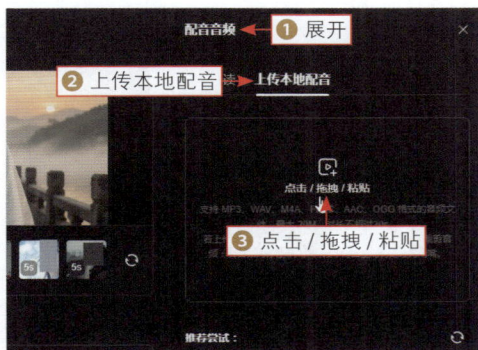

图 7-38　单击"点击/拖拽/粘贴"按钮（2）

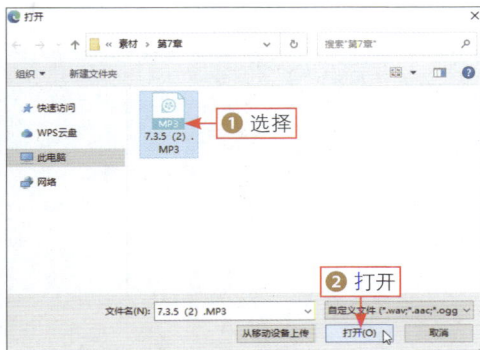

图 7-39　单击"打开"按钮（2）

步骤 05 在"对口型"页面的底部，单击"立即生成"按钮，如图7-40所示。

步骤 06 稍等片刻，即可生成相应的对口型视频，效果如图7-41所示。

图 7-40　单击"立即生成"按钮

图 7-41　生成的对口型视频效果

7.3.6　生成背景纯音乐

背景纯音乐在短剧中可以起到渲染氛围与强化情绪的作用，尤其是在古风题材中更显重要。创作者应当结合《琴声之谜》的剧情特点，通过提示词引导AI生成符合情境的纯音乐，为画面营造出清雅、神秘或情感起伏的听觉氛围，增强整体古韵表达。下面介绍在天谱乐中生成背景

扫码看教学视频

纯音乐的操作方法。

步骤01 在天谱乐的"首页"页面中，单击"文本生曲"按钮，如图7-42所示。

步骤02 进入"文本生曲"页面，❶切换至"纯音乐"选项卡；❷输入之前生成的音乐提示词，如图7-43所示，描述想要生成的音乐效果。

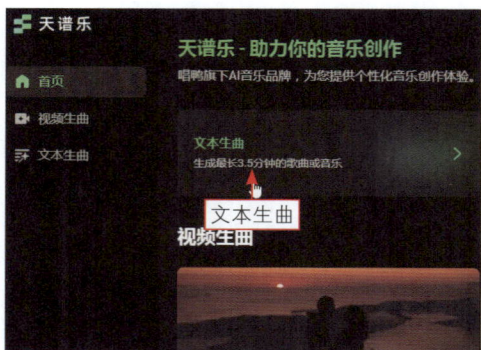

图 7-42　单击"文本生曲"按钮

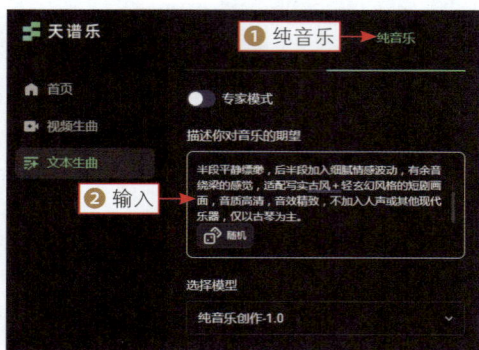

图 7-43　输入提示词

步骤03 在"选择模型"板块中，❶单击当前模型右侧的下拉按钮 ；❷在弹出的下拉列表框中，选择"纯音乐创作-2.0"选项，如图7-44所示，切换音乐的生成模型，该模型支持生成两分钟的纯音乐。

步骤04 单击"开始生成"按钮，生成两首纯音乐，选择其中一首纯音乐，进入歌曲详情页面，单击歌曲封面图上的 按钮，进行试听。如果创作者觉得生成的音乐效果不错，❶可以单击 按钮；❷在弹出的列表中，选择"下载音频"选项，如图7-45所示，即可下载对应的音频文件。

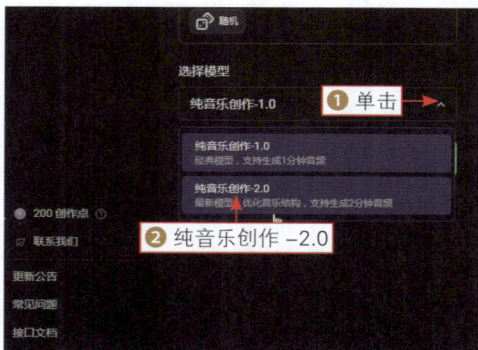

图 7-44　选择"纯音乐创作 –2.0"选项

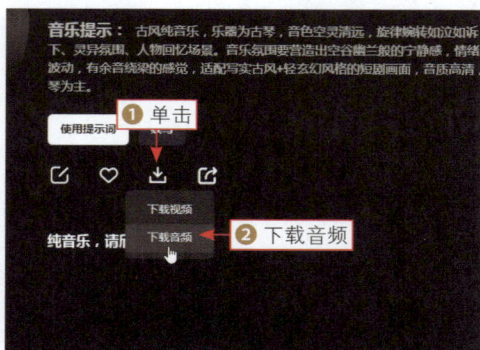

图 7-45　选择"下载音频"选项

7.4　成品视频剪辑

在完成所有素材的准备后，创作者就可以进入成品视频剪辑阶段了，包括制作短剧片头，剪辑主体内容，以及添加转场、特效与滤镜等环节。创作者需要通过有序整合各项内容，以呈现出结构完整、风格统一的AI古风短剧。

7.4.1　制作短剧片头

短剧片头不仅具有引导观众进入故事的作用，还通过视觉与音乐的配合，设定整体氛围。同时，片头还会展示剧名和创作者信息，为观众提供基本的背景介绍。下面介绍在剪映中制作短剧片头的操作方法。

扫码看教学视频

步骤01 进入视频编辑界面，将所有素材导入"素材"功能区中，❶切换至"动画"操作区；❷在"入场"选项卡中，选择"水墨"选项，如图7-46所示，为片头素材添加入场动画。

步骤02 拖曳时间轴至00:00:01:00的位置，❶切换至"文本"功能区；在"新建文本"选项卡中，❷单击"默认文本"右下角的"添加到轨道"按钮➕，如图7-47所示，添加一段片头文本。

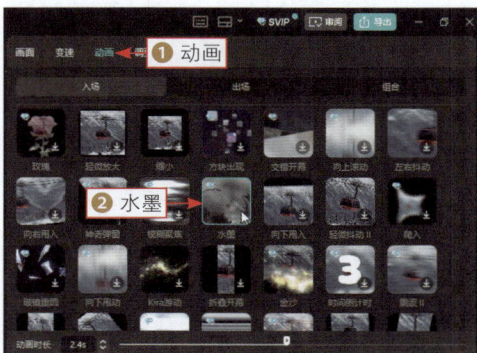

图 7-46　选择"水墨"选项　　　　　图 7-47　单击"添加到轨道"按钮

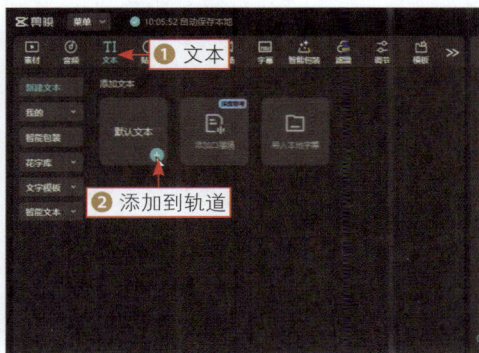

步骤03 在"文本"操作区中，❶修改文本内容；❷设置合适的"字体"和"字号"参数，如图7-48所示，调整文本的样式和大小。

步骤04 用复制、粘贴的方法，再添加3段片头文本，修改文本内容，并调整4段片头文本的位置，如图7-49所示，完成剧名的添加。

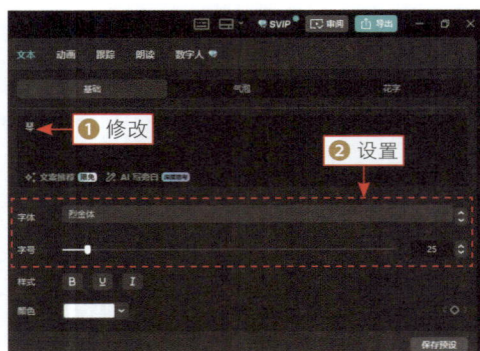

图 7-48　设置"字体"和"字号"参数（1）

图 7-49　调整片头文本的位置

　　步骤 05 添加第5段片头文本，❶修改文本内容，添加创作者信息；❷设置合适的"字体"和"字号"参数，如图7-50所示，调整文本的样式和大小。

　　步骤 06 ❶切换至"气泡"选项卡；❷选择一个气泡样式，如图7-51所示，进一步美化文本。

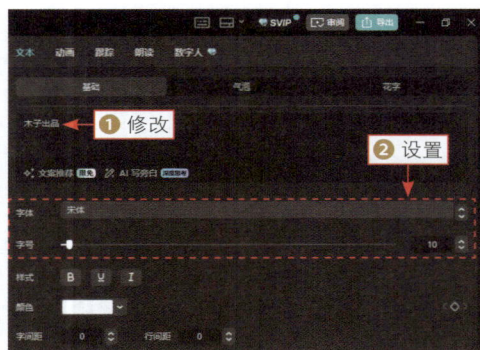

图 7-50　设置"字体"和"字号"参数（2）

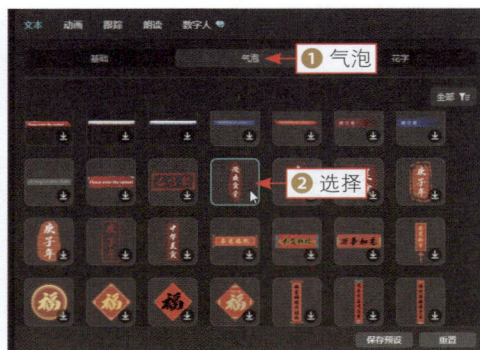

图 7-51　选择气泡样式

　　步骤 07 ❶切换至"基础"选项卡；❷设置"缩放"参数为45%、"位置"的X参数为890、Y参数为50，如图7-52所示，调整文本的显示大小和位置。

　　步骤 08 选择5段片头文本，❶切换至"动画"操作区；在"入场"选项卡中，❷选择"溶解"选项，如图7-53所示，为文本统一添加入场动画。

　　步骤 09 ❶切换至"出场"选项卡；❷选择"溶解"选项，如图7-54所示，为文本统一添加出场动画。

　　步骤 10 调整第5段片头文本的起始位置，如图7-55所示，使其在剧名之后显示，即可完成片头的制作。

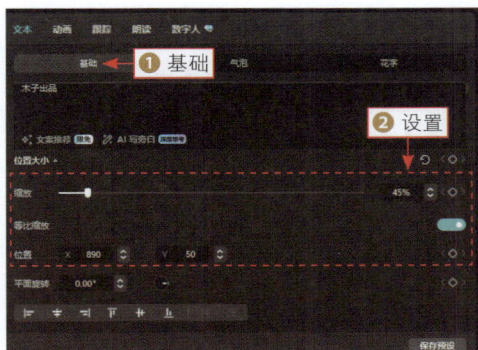

图 7-52　设置相应参数

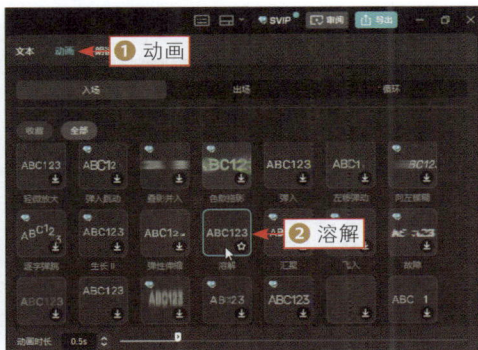

图 7-53　选择"溶解"选项（1）

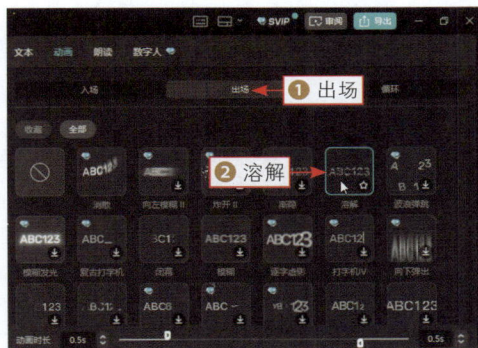

图 7-54　选择"溶解"选项（2）

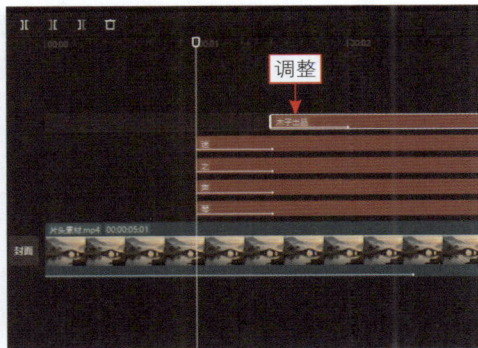

图 7-55　调整第 5 段片头文本的起始位置

7.4.2　剪辑主体内容

主体内容的剪辑是短剧成型的核心环节，因此创作者需要根据分镜脚本，将各段素材进行合理编排，以确保剧情流畅、节奏清晰。下面介绍在剪映中剪辑主体内容的操作方法。

扫码看教学视频

步骤**01** 将第1段～第11段素材按顺序添加到视频轨道中，❶选择第1段素材；❷拖曳时间轴至00:00:12:00的位置；❸单击"向右裁剪"按钮，如图7-56所示，删除第1段素材的多余片段。

步骤**02** ❶选择第2段素材；❷拖曳时间轴至00:00:14:00的位置；❸单击"向左裁剪"按钮，如图7-57所示，删除多余片段，使第1段和第2段素材的画面内容能够自然衔接。

步骤**03** 选择第3段素材，❶切换至"变速"操作区；❷在"常规变速"选项卡中，设置"时长"参数为2.5s，如图7-58所示，缩短素材的时长，并加快其

播放速度。

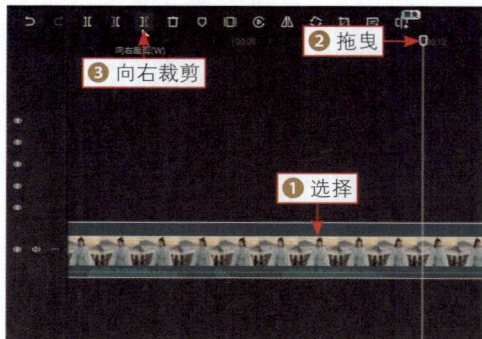

图 7-56　单击"向右裁剪"按钮（1）

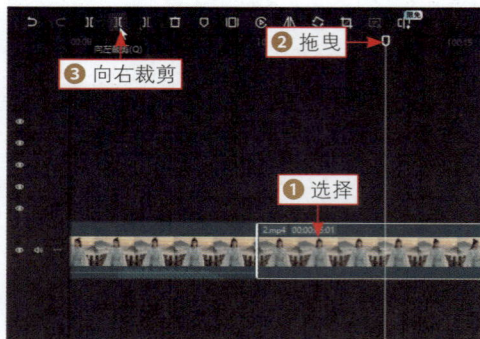

图 7-57　单击"向左裁剪"按钮

步骤 04 用同样的方法，设置第5段素材的"时长"参数为2.0s，如图7-59所示，在不删除素材内容的前提下，缩短素材的时长。

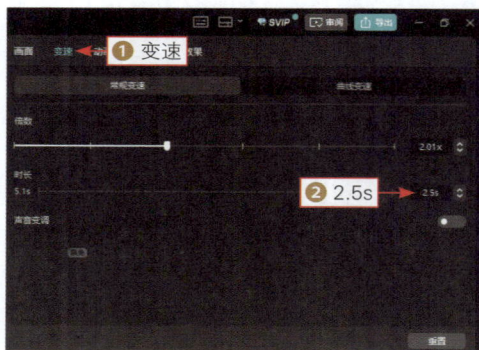

图 7-58　设置"时长"参数（1）

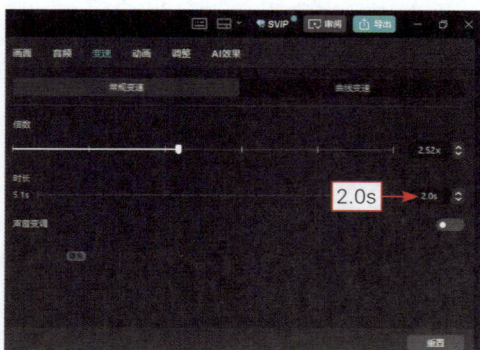

图 7-59　设置"时长"参数（2）

步骤 05 ❶选择第6段素材；❷拖曳时间轴至00:00:25:20的位置；❸单击"向右裁剪"按钮，如图7-60所示，删除角色没有任何动作的空白片段。

步骤 06 用同样的方法，分别在00:00:35:00、00:00:44:00和00:00:46:00的位置单击"向右裁剪"按钮，删除第7段～第9段素材的空白片段。选择第10段素材，在"变速"操作区中，❶切换至"曲线变速"选项卡；❷选择"闪进"选项，如图7-61所示，即可为第10段素材添加"闪进"变速效果，加快前半段素材的播放速度。

步骤 07 拖曳时间轴至第11段素材的起始位置，选择第11段素材，单击"定格"按钮，如图7-62所示，即可生成一段时长为3s的定格片段。用同样的方法，在第11段素材的结束位置也生成一段时长为3s的定格片段。

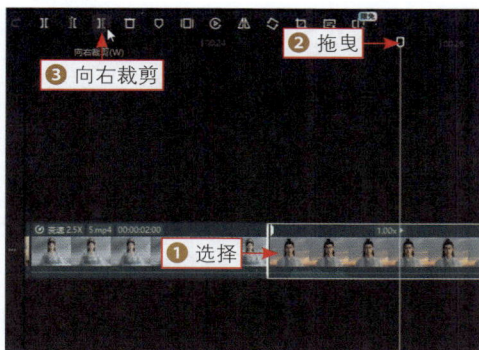

图 7-60　单击"向右裁剪"按钮（2）

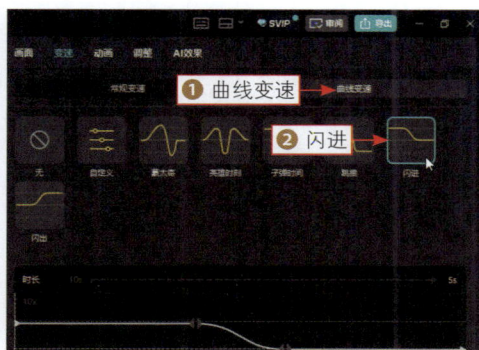

图 7-61　选择"闪进"选项

步骤08 选择第1段定格片段，❶切换至"动画"操作区；在"入场"选项卡中，❷选择"渐显"选项，为第1段定格片段添加入场动画；❷设置"动画时长"参数为3.0s，如图7-63所示，增加动画效果持续的时长。

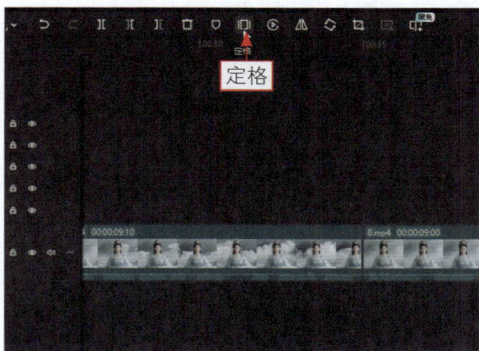

图 7-62　单击"定格"按钮

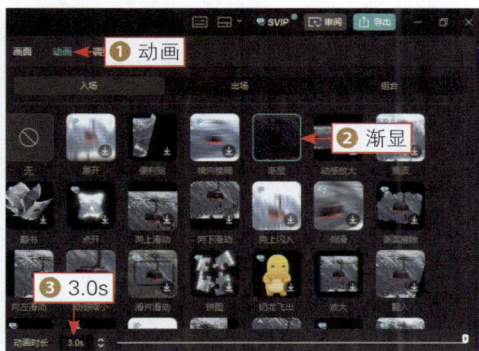

图 7-63　设置"动画时长"参数

步骤09 将烟雾素材添加到画中画轨道中，使其结束位置对准第1段定格片段的结尾，如图7-64所示。

步骤10 在"画面"操作区中，设置"混合模式"为"滤色"，如图7-65所示，即可去除烟雾素材中的黑底，让烟雾单独显示。

步骤11 ❶拖曳时间轴至00:00:57:10的位置；❷将配音音频添加到音频轨道中，如图7-66所示，为第11段素材配音。

步骤12 选择第2段定格片段，❶切换至"动画"操作区的"出场"选项卡；❷选择"水墨"选项，如图7-67所示，为其添加出场动画，完成主体内容的剪辑。

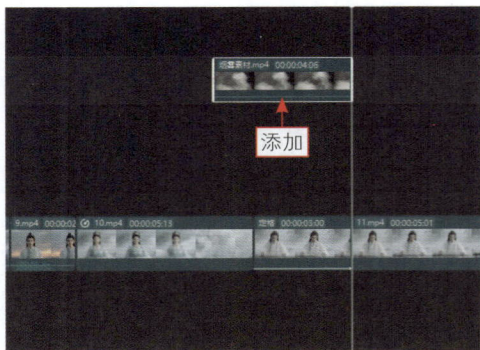

图 7-64　将烟雾素材添加到画中画轨道中

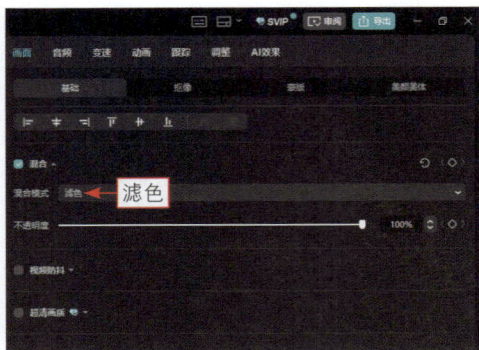

图 7-65　设置"混合模式"

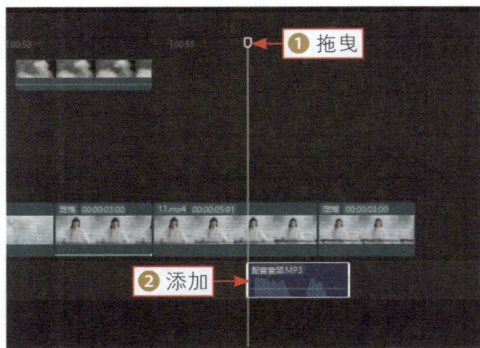

图 7-66　将配音音频添加到音频轨道中

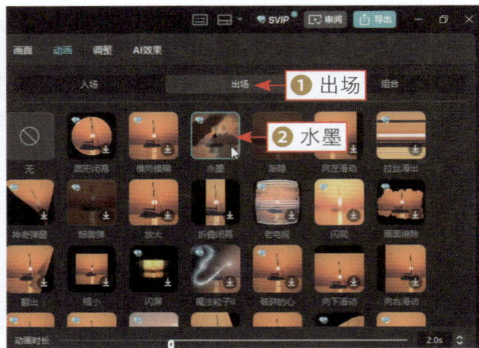

图 7-67　选择"水墨"选项

7.4.3　添加转场、特效与滤镜

在完成短剧主体内容的剪辑后，创作者还需要对画面进行细化处理，以提升整体的观感和连贯性。例如，添加转场使镜头之间的过渡更自然流畅；结合特效来增强关键情节的视觉冲击力；添加滤镜以统一整体色调，强化古风意境。下面介绍在剪映中添加转场、特效与滤镜的操作方法。

扫码看教学视频

步骤01 拖曳时间轴至片头素材和第1段素材之间，①切换至"转场"功能区；②在"热门"选项卡中，单击"叠化"转场右下角的"添加到轨道"按钮，如图7-68所示，即可在片头素材和第1段素材之间添加转场效果，让画面的切换更自然。

步骤02 用同样的方法，在第3段和第4段素材之间添加"叠化"转场。拖曳时间轴至00:00:22:00的位置，①单击"特效"按钮，进入"特效"功能区；②切

换至"画面特效"|"自然"选项卡；❸单击"烟雾"特效右下角的"添加到轨道"按钮➕，如图7-69所示，添加一段特效。

图 7-68 单击"添加到轨道"按钮（1）

图 7-69 单击"添加到轨道"按钮（2）

步骤 03 调整"烟雾"特效的时长，使其结束位置对准第5段素材的结尾，如图7-70所示。

步骤 04 在"特效"操作区的"基础"选项卡中，单击"不透明度"右侧的"添加关键帧"按钮◆，如图7-71所示，在"烟雾"特效的起始位置添加一个关键帧。

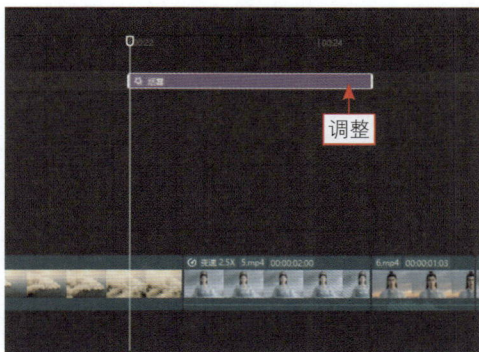

图 7-70 调整"烟雾"特效的时长

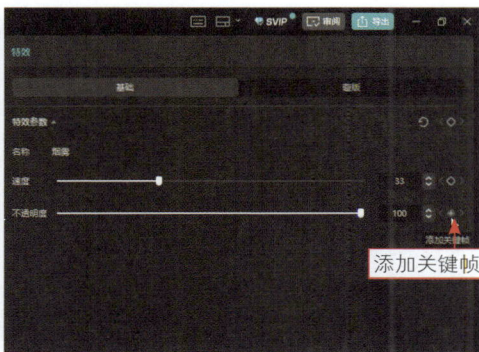

图 7-71 单击"添加关键帧"按钮

步骤 05 拖曳时间轴至"烟雾"特效的结束位置，❶设置"不透明度"参数为0，使特效中的烟雾变透明；❷"不透明度"右侧的关键帧按钮会被自动点亮◆，如图7-72所示，即可完成烟雾渐渐消失的关键帧动画。

步骤 06 拖曳时间轴至视频起始位置，❶单击"滤镜"按钮，进入"滤镜"功能区；❷切换至"影视级"选项卡；❸单击"暗调电影"滤镜右下角的"添加到轨道"按钮 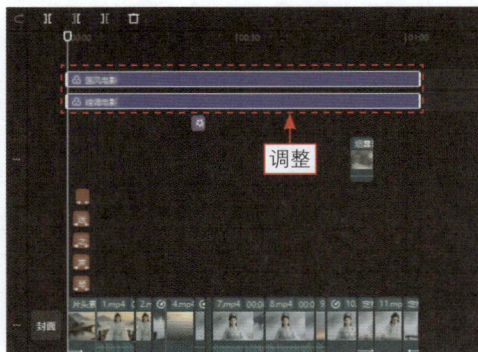，如图7-73所示，添加第1个滤镜，压低画面整体亮度、增强阴影层次和冷暖对比，营造出沉稳神秘的视觉氛围。

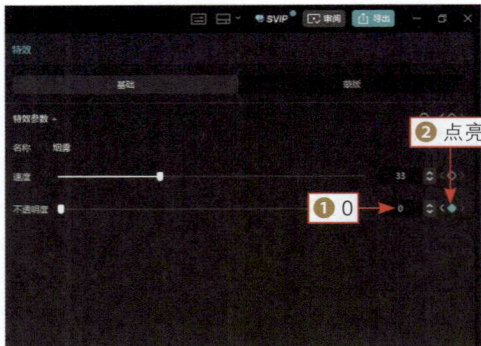

图7-72　关键帧按钮会自动被点亮

图7-73　单击"添加到轨道"按钮（3）

步骤 07 在"滤镜"操作区中，设置"暗调电影"滤镜的"强度"参数为50，如图7-74所示，降低滤镜的强度，避免画面过暗导致细节丢失。

步骤 08 用同样的方法，再添加一个"影视级"选项卡中的"国风电影"滤镜，并设置其"强度"参数为50，使画面更具东方美感与文化韵味。调整"暗调电影"滤镜和"国风电影"滤镜的时长，使它们作用于短剧的所有片段，如图7-75所示。

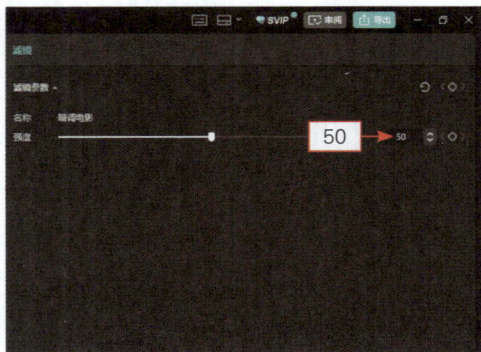

图7-74　设置"强度"参数

图7-75　调整滤镜的时长

7.4.4　添加字幕与音频

在短剧的后期制作阶段，角色台词字幕的呈现，不仅能够确保观众准确了解剧情内容，还能进一步传递角色的情感变化。同时，背景

扫码看教学视频

纯音乐的添加与调整则起到了烘托氛围的作用，通过与画面节奏和情感的契合，增强观众的沉浸感。两者的恰当结合，不仅使短剧更加生动，也提升了作品的艺术感染力。下面介绍在剪映中添加字幕与音频的操作方法。

步骤01 ❶单击"文本"按钮，进入"文本"功能区；❷切换至"智能文本"|"智能字幕"选项卡；❸单击"开始识别"按钮，如图7-76所示，即可识别角色说话的内容，生成对应的字幕。

步骤02 在"字幕"操作区中，添加适当的标点符号，并修改错误的字幕内容，❶切换至"文本"操作区；❷在"基础"选项卡中，设置"字体"为"宋体"、"字号"参数为8，如图7-77所示，统一修改字幕的字体，并放大字幕。

图 7-76　单击"开始识别"按钮

图 7-77　设置相应参数

步骤03 将背景音乐拖曳至音频轨道，使其起始位置与片头素材的起始位置对齐，拖曳时间轴至00:00:04:00的位置，在"音频"操作区中，单击"音量"右侧的"添加关键帧"按钮，如图7-78所示，添加第1个关键帧。

图 7-78　单击"添加关键帧"按钮

步骤 04 拖曳时间轴至第1段素材的起始位置，在"音频"操作区中，❶设置"音量"参数为–20.0dB，降低背景音乐的音量，避免背景音乐影响到角色说话；❷"音量"右侧的关键帧按钮会被自动点亮◆，如图7-79所示，即可完成音量慢慢变低的关键帧动画。

步骤 05 调整背景音乐的时长，使其与短剧的总时长保持一致，如图7-80所示。

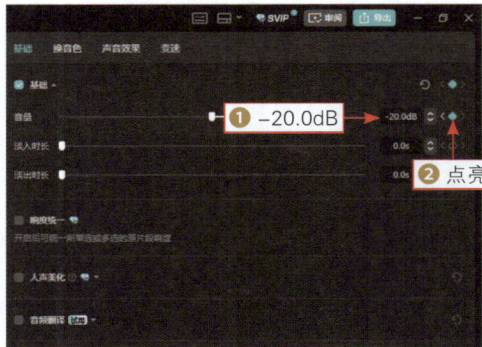

图 7-79 关键帧按钮会自动被点亮

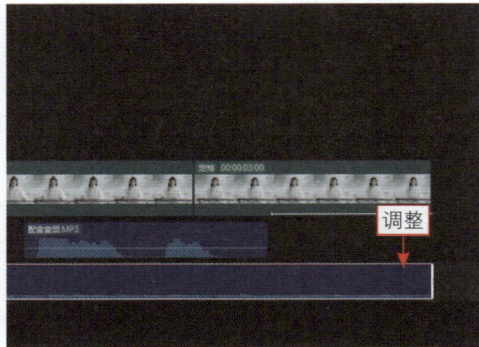

图 7-80 调整背景音乐的时长

步骤 06 在"音频"操作区中，设置"淡出时长"参数为2.0s，如图7-81所示，让背景音乐随着画面慢慢消失。

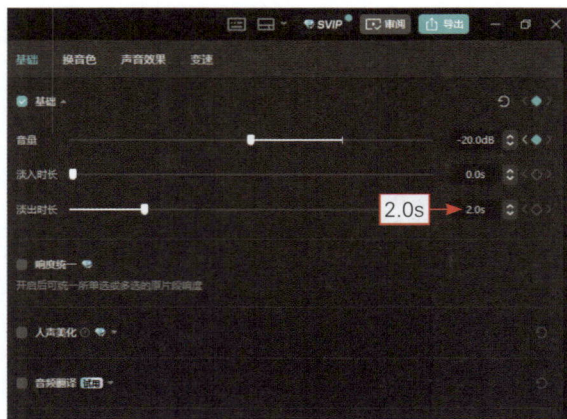

图 7-81 设置"淡出时长"参数

7.4.5 设置封面并导出成品

设置封面是短剧制作的重要环节，封面不仅是短剧的"门面"，

扫码看教学视频

还是吸引观众注意的关键元素。为了更快地获得精美的封面，创作者可以在片头中选取合适的画面作为封面内容。完成封面设置后，接下来就是导出成品并确保其适应不同平台的发布要求。下面介绍在剪映中设置封面并导出成品的操作方法。

步骤 01 在视频轨道的起始位置，单击"封面"按钮，如图7-82所示。

步骤 02 弹出"封面选择"面板，在"视频帧"选项卡中，拖曳时间轴，❶选取合适的画面；❷单击"去编辑"按钮，如图7-83所示。

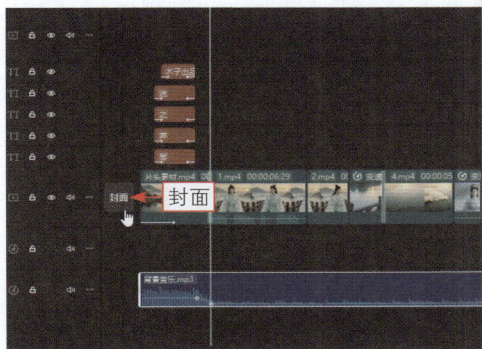

图 7-82　单击"封面"按钮

图 7-83　单击"去编辑"按钮

步骤 03 弹出"封面设计"面板，单击"完成设置"按钮，如图7-84所示，即可完成封面的设置。

图 7-84　单击"完成设置"按钮

步骤 04 在视频编辑界面的右上方，单击"导出"按钮，如图7-85所示。

步骤 05 弹出"导出"面板，❶修改"标题"为"琴声之谜"；❷开启"AI补帧"功能，如图7-86所示，让画面更流畅。

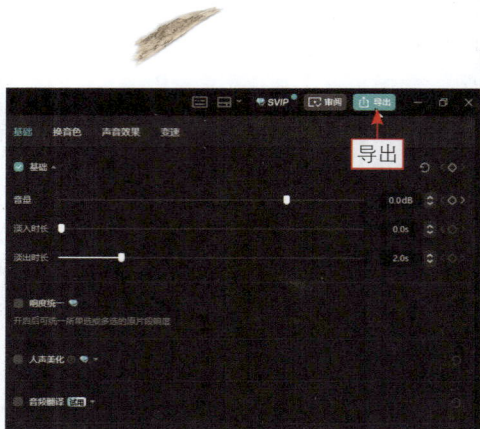

图 7-85　单击"导出"按钮

图 7-86　开启"AI 补帧"功能

步骤 06 单击"导出"按钮，即可开始导出短剧，并显示导出进度，如图7-87所示。导出完成后，创作者可以查看完整的短剧效果。

图 7-87　显示导出进度